Global assessment of soil carbon in grasslands
From current stock estimates to sequestration potential

全球草地土壤碳评估
——从现有储量到固碳潜力

联合国粮食及农业组织（FAO） 编著

孙 逍 刘 楠 史宝库 等 译

中国农业科学技术出版社

图书在版编目（CIP）数据

全球草地土壤碳评估：从现有储量到固碳潜力 / 联合国粮食及农业组织（FAO）编著；孙逍等译. -- 北京：中国农业科学技术出版社，2024.12. -- ISBN 978-7-5116-6921-6

Ⅰ．S153.6

中国国家版本馆CIP数据核字第2024U9G932号

审图号：GS京（2025）0716号

责任编辑　金　迪
责任校对　李向荣
责任印制　姜义伟　王思文

出 版 者	中国农业科学技术出版社
	北京市中关村南大街12号　　邮编：100081
电　　话	（010）82106625（编辑室）　　（010）82106624（发行部）
	（010）82109709（读者服务部）
网　　址	https://castp.caas.cn
经 销 者	各地新华书店
印 刷 者	北京建宏印刷有限公司
开　　本	185 mm×260 mm　1/16
印　　张	5.75
字　　数	110千字
版　　次	2024年12月第1版　2024年12月第1次印刷
定　　价	68.00元

◆版权所有·侵权必究◆

本出版物原版为英文，即 *Global assessment of soil carbon in grasslands–From current stock estimates to sequestration potential*，由联合国粮食及农业组织于2023年出版。此中文译本由南京农业大学组织翻译并对译文的准确性及质量负全部责任。如有出入，应以英文原版为准。

本信息产品中使用的名称和介绍的材料，并不意味着联合国粮食及农业组织（FAO）对任何国家、领地、城市、地区或其当局的法律或发展状况，或对其国界或边界的划分表示任何意见。提及具体的公司或厂商产品，无论是否含有专利，并不意味着这些公司或产品得到FAO的认可或推荐，优于未提及的其他类似公司或产品。本信息产品中陈述的观点是作者的观点，不一定反映FAO的观点或政策。

ISBN 978-92-5-137550-1（FAO）
ISBN 978-7-5116-6921-6（中国农业科学技术出版社）

©FAO，2023年（英文版）
©中国农业科学技术出版社，2024年（中文版）

全球草地土壤碳评估
——从现有储量到固碳潜力

编译顾问

张英俊（中国农业大学）　　　　　王加亭（全国畜牧总站）

贺金生（兰州大学）　　　　　　　孙　伟（东北师范大学）

王　岭（东北师范大学）　　　　　闫　敏（全国畜牧总站）

罗加法（新西兰皇家农科院，AgResearch）

译者名单

主　译　孙　逍（南京农业大学）　　刘　楠（中国农业大学）

　　　　　 史宝库（东北师范大学）

参　译　朱剑霄（兰州大学）　　　　任海燕（内蒙古农业大学）

　　　　　 吴建平（云南大学）　　　　宋彦涛（大连民族大学）

　　　　　 陈文青（西北农林科技大学）　周冀琼（四川农业大学）

　　　　　 张美艳（云南省草地动物科学研究院）　陈继辉（贵州大学）

原著编写者

Marta Dondini（联合国粮食及农业组织）

Manuel Martin（国家农业、食品和环境研究所）

Camillo De Camillis（联合国粮食及农业组织）

Aimable Uwizeye（联合国粮食及农业组织）

Jean-Francois Soussana（国家农业、食品和环境研究所）

Timothy Robinson（联合国粮食及农业组织）

Henning Steinfeld（联合国粮食及农业组织）

目 录

致　谢	I
缩写词	III
背　景	VII
主要发现	IX
1　引言	**1**
2　方法	**7**
2.1　FAO LEAP土壤有机碳（SOC）评估指南	7
2.2　框架和方法论开发	8
2.3　草地土壤碳储量基线的评估	10
2.4　评估当前土壤有机碳储量维持所需的碳输入量	14
2.5　草地生态系统土壤有机碳固存潜力评价	15
3　结果	**19**
3.1　全球土壤有机碳储量基线	19
3.2　当前碳储量的评估	24

3.3　土壤有机碳的固存潜力 ································· 28

4　讨论 ··· 33

　　4.1　土壤有机碳储量基线 ··································· 33

　　4.2　土壤有机碳平衡 ······································· 41

　　4.3　草地土壤碳固存潜力 ··································· 43

　　4.4　关于土壤有机碳储量基线的不确定性来源 ················· 44

5　结论与展望 ··· 49

参考文献 ·· 53

FAO技术文件 ·· 61

图目录

1. 草地改良管理后土壤有机碳随年限的增加百分比 ⋯⋯⋯⋯ 16
2. 利用RothC模型估算2010年全球改良与未改良草地土壤总有机碳（SOC）⋯⋯ 20
3. 改良草地与未改良草地土壤总有机碳输入（植物和动物排泄物）的区域平均值 ⋯ 23
4. 维持未改良和改良草地土壤当前碳水平所需碳输入的区域平均值 ⋯⋯⋯ 24
5. 未改良和改良草地系统的区域碳平衡 ⋯⋯⋯⋯⋯⋯⋯⋯⋯⋯⋯ 28
6. 在实施最佳管理实践20年后，所有可利用草地土壤（即包含所有高有机碳或沙质土壤）的土壤有机碳（SOC）固存潜力 ⋯⋯⋯⋯⋯⋯⋯⋯ 30
7. 驱动RothC模型的主要变量的相关矩阵 ⋯⋯⋯⋯⋯⋯⋯⋯⋯ 46

地图目录

1. 未改良与改良草地系统的空间分布 ⋯⋯⋯⋯⋯⋯⋯⋯⋯⋯⋯ 12
2. 改良草地表层（30 cm）土壤有机碳（SOC）储量基线 ⋯⋯⋯⋯ 21
3. 未改良草地表层（30 cm）土壤有机碳（SOC）储量基线 ⋯⋯⋯ 22
4. 未改良和改良草地维持当前土壤有机碳储量所需的全球碳输入水平 ⋯⋯ 26
5. 改良草地系统的碳平衡 ⋯⋯⋯⋯⋯⋯⋯⋯⋯⋯⋯⋯⋯⋯⋯⋯ 27
6. 未改良草地系统的碳平衡 ⋯⋯⋯⋯⋯⋯⋯⋯⋯⋯⋯⋯⋯⋯⋯ 29
7. 全球所有可用草地表层（即包含所有高有机碳或沙质土壤）（30 cm）土壤有机碳（SOC）的年增长率 ⋯⋯⋯⋯⋯⋯⋯⋯⋯⋯⋯⋯⋯ 31

有机碳（SOC）的年增长量表

1. CCI-LC类别重新分类为改良草地和未改良草地 ⋯⋯⋯⋯⋯⋯ 11
2. 在RothC土壤碳模型中，模型结果（SOC储量）对主要变量变化的敏感性分析 ⋯ 45

框目录

评估管理实践变化对SOC的影响 东非案例研究 ⋯⋯⋯⋯⋯⋯ 36
评估牧场集约化对SOC的影响 巴拉圭案例研究 ⋯⋯⋯⋯⋯⋯ 39

致　谢

本报告由联合国粮食及农业组织（FAO）畜牧业环境评估和绩效伙伴关系（LEAP）和国家农业、食品和环境研究所（INRAE）在Henning Steinfeld（FAO）的指导和Jean-Francois Soussana（INRAE）的技术指导下编写。该报告收到了几位同事关于数据汇编和分析的意见，其中包括Giuseppina Cinardi（FAO）、Alessandra Falcucci（FAO）、Monica Rulli（FAO）、Giuseppe Tempio（FAO）和Dominik Wisser（FAO），还有来自Martial Bernoux（FAO）和Skalsky Rastislav（国际应用系统分析研究所，IIASA）的具体工作。

本报告的主要作者有：Marta Dondini（FAO土壤有机碳建模专家）、Manuel Martin（INRAE研究员）、Camillo De Camillis（LEAP经理）、Aimable Uwizeye（FAO畜牧业政策官员）、Jean-Francois Soussana（INRAE高级科学家）、Timothy Robinson（FAO高级畜牧业政策官员）和Henning Steinfeld（FAONSAL首席执行官）。

Pete Smith（大不列颠及北爱尔兰联合王国阿伯丁大学生物与环境科学研究所）、Guillermo Peralta（FAO）、Carolina Olivera Sanchez（FAO）、Anne Mottet（FAO）、Félix Teillard（FAO）和Ronald Vargas（FAO）对该报告进行了同行评审。此外，本报告还经过了FAO动物生产和卫生司编辑委员会的审查。

Delanie Kellon为本报告提供了编辑帮助。Sara Giuliani提供了联系和出版支持。行政支持由Eva Pardo Navarro和Maria Pilar Schneider Cruces提供。Enrico Masci负责设计和布局，Claudia Ciarlanti负责印刷协调。

缩写词

4p 1 000	千分之四全球土壤增碳倡议
AG_{DM}	地上干物质量
BAU	基准情景
BIO	微生物生物量
C_0	估算的碳输入
C_3	最初在光合作用中通过卡尔文循环固定二氧化碳的植物
C_4	最初的碳固定发生在外叶肉细胞中，卡尔文循环发生在内束鞘细胞中的植物
C_{AGR}	地上残体中的碳含量
C_{bal}	碳平衡
C_{BGR}	地下残体中的碳含量
C_{Exc}	动物排泄物的碳输入量
C_{Res}	植物残体的碳输入量
DM	干物质
DPM	易分解植物残体
FAO	联合国粮食及农业组织
GAEZ	全球农业生态区
GAUL	全球行政图层
GHG	温室气体
GIS	地理信息系统
GLC_SHARE	全球土地覆盖分配
GLEAM	全球畜牧业环境评估模型

GPP	总初级生产力
GSOCseq	全球土壤有机碳固存
GSP	全球土壤伙伴关系
HUM	腐殖质
HWSD	统一的世界土壤数据库
IIASA	国际应用系统分析研究所
INRAE	国家农业、食品和环境研究所
INT	干预情景
IOM	惰性有机物
IPCC	政府间气候变化专门委员会
KJWA	科罗尼维亚农业联合工作方案
LC	土地覆盖
LCA	生命周期评估
LEAP	畜牧业环境评估和绩效伙伴关系
NDC	国家自主贡献
NPP	净初级生产力
RothC	Rothamsted碳模型
RPM	难分解植物残体
SDGs	可持续发展目标
SOC	土壤有机碳
SOC_0	初始土壤有机碳储量
SOC_{BAU}	基准情景下的土壤有机碳
SOC_{INT}	干扰情景下的土壤有机碳
TAG	技术咨询小组
UN	联合国

化学元素和分子式

C   碳

CO_2 二氧化碳

N   氮

单位

℃   摄氏度

Gt   千兆吨，等于10亿（10^9）吨

Pg   千兆克，等于10^{15}克

t   以年为单位的时间

Mt   兆吨，等于100万（10^6）吨

背 景

2015年通过的《巴黎协定》，促使各国在未来努力实现向低排放且可持续的经济方向转型，最终为全球致力于应对气候变化的行动铺平道路。在畜牧业系统中，甚至在整个农业部门，需要保证动物源食品以及饲养的家畜对人类营养、健康和福祉的益处，同时减少温室气体排放以应对气候危机，降低其对粮食安全的影响。

草地土壤有机碳（SOC）约占世界SOC储量的20%，这意味着它们在全球碳和水循环中发挥着重要作用（Puche et al., 2019）。土壤既是碳源也是碳汇，许多草地由于人为活动而引起大量SOC损失，例如高强度的家畜放牧、农业利用和其他土地利用活动。然而，这种SOC损失可以通过以下措施来逆转，例如提高植物生长、增加土壤的碳储量并保护高有机质土壤中的碳。

鉴于草地系统在全球范围内发挥着重要的经济、营养和环境作用，畜牧业环境评估和绩效伙伴关系（FAO LEAP伙伴关系）资助了本研究，以阐明草地生态系统中土壤碳储量的状态及其未来的固碳潜力。

本报告的主要目的是估算2010年草地的SOC储量基线，评估维持当前SOC存量所需的碳输入量，并确定该输入量在当前条件下是否可以实现。为此，我们将改良草地视为管理系统，将未改良草地视为接近半天然系统。此外，本报告另一个目的是如果在全球范围内实施已知的改善有机碳固存的管理实践，评估未来草地SOC的固存潜力。

主要发现

草地土壤碳储量

本研究提供了一份关于草地土壤碳状况的空间详细报告，可作为未来在国家或农场层面上探索家畜管理对土壤碳影响的基线。2010年，全球草地中0～30 cm深处的土壤年吸收碳（C）量估计为63.5 Mt，未改良草地储存的碳（33.8 Mt碳）略高于改良系统（29.8 Mt碳）。2010年，未改良草地的平均SOC储量为53 t碳/ha，改良草地的平均SOC储量为50 t碳/ha。SOC储量最高的草地分布在温带区域，其主要特征是草地生产力较高且分解速率较低。相比之下，干旱—半干旱草地SOC储量最低，这主要是由于该区域草地的植物生产力和有机物分解速率较低，从而减少了土壤碳的输入。草地30 cm土层SOC储量的变异主要是由气候条件变化引起的，其次是植物和动物来源的碳输入以及土壤黏粒含量。

所有这些结果都凸显了气候与草地管理之间相互作用的重要性，后者在输入土壤有机质的质量和数量中起着至关重要的作用。事实上，SOC的稳定性还取决于土壤性质，如土壤pH值（通过调节土壤养分的可用性）和土壤颗粒（通过保护土壤有机质免受微生物矿化的影响来保护土壤有机质）。

部分国家自主贡献（NDCs）和国家信息通报报告中尚未包含草地SOC，其主要原因是缺乏激励农民改进管理的方法以及较难准确监测SOC储量和变化。本报告的结果可以支持将SOC目标纳入NDCs，这将提高NDCs的全面性和透明度，以跟踪和比较NDCs之间的政策推进情况。

在使用本研究得出的关于土壤中碳现状及其固存潜力的结果时，应认真考虑输入变量的不确定性及其在不同土地利用中的分布和分配，以及内在的模型的不确定性。全球土壤碳储量的估算仍然存在很大的不确定性，迫切需要改进的统计学方法来减少这种不确定性在土壤模型中的传播。为了提高输入数据（如土壤性质、动物和植被特征以及C交换信息）的准确性，至关重要的是生成本地数据集，特别是来自代表性不足的地区（如非洲）的数据集，并探索现有数据集之间的差异。

当前碳储量水平评估

大多数草地土壤似乎都能获取足够的有机物质来维持当前碳储量水平。为了维持当前的SOC储量，平均而言，改良草地需要输入［2.1 t碳/（ha·年）］比未改良草地［1.3 t碳/（ha·年）］更多的碳。此外，全球改良和未改良草地均存在正的土壤碳平衡，表明SOC储量具有增加的潜力。尽管如此，这些估计值的巨大空间变异性凸显了国家尺度估计值可能与全球尺度存在很大差异。即使处在改善的生物物理状态下，大多数草地都有正的碳平衡，这意味着土地利用状态是稳定的。然而，在东亚、中美洲和南美洲以及赤道以南的非洲发现了负的碳平衡，这意味着该区域人类活动压力和气候因素可能会导致目前SOC储量的降低。目前还没有较好的全球测量方法，值得一提的是，气候、土壤和管理实践方面的情况多样性可能对这些地区土壤碳的动态至关重要，这和草地系统碳输入值的可变性类似。

分析结果表明，一些草地土壤中还有额外的碳固存潜力。对草地系统的主要建议是，优先考虑在碳平衡为负的退化草地提高土壤碳固存，而在碳储量较高的地区（特别是在未改良的草地上）采取保护现有SOC储量的措施。对草地采取合理固碳管理措施有助于提高退化草地SOC储量，本研究结果强调对一些重要草地进行合理干预有利于保护或增加SOC储量。

土壤固碳潜力

本项研究发现，在实施提升草地固碳管理措施20年后，可利用草地0～30 cm土层中的SOC含量将增加0.3%，每年的固碳速率将达0.3

t碳/（ha·年）。撒哈拉以南非洲和南亚草地固碳潜力最高［分别为0.41 t碳/（ha·年）和0.33 t碳/（ha·年）］，其次是大洋洲、北美洲和东亚地区。SOC储量低的草地，大部分存在严重的退化问题，为提升草地SOC储量提供了机会。

千分之四倡议确定土壤增加3.5 Pg碳/年的理想目标，其在减缓全球气候变化中发挥了重要作用。我们估计，如果采用草地SOC促进管理措施（如结合动物粪便、农林业和轮牧），草地30 cm的土壤碳储量增加将可以实现这一目标的17%，并能维持至少20年。这需要草地每年增加0.18～0.41 t碳/ha的有机碳储量。我们的估计没有考虑气候和重要土壤过程的差异，特别是养分和水分限制、生物量生产和周转率。然而，通过增加草地土壤含碳成分来固碳是在短期内迅速增加碳固存可行且有效的路径。未来工作将聚焦以下两方面的研究：一是在国家层面上，在空间尺度上研究家畜管理措施的影响；二是在农场层面上，监测家畜生态系统管理对草地固碳的影响。

尽管土壤碳增汇在技术层面上是基本可以实现的，但在一些特定地方和特定的农业系统中实现这一潜力往往存在很大局限性。此外，需要平衡好生产力、粮食安全或水分平衡、氧化亚氮（N_2O）等其他温室气体的排放等。因此，对于整个草地系统预算，必须包括甲烷（CH_4）排放变化的估计，以便更好地了解管理措施对整个草地系统环境的影响。未来工作应侧重于将土壤碳估算纳入生命周期分析。未来的主要挑战将是开发一种方法，将SOC储量分配给不同的家畜放牧单元，并考虑土壤中碳的时空动态。这将有助于对畜牧业系统进行准确的生命周期评估，并制定缓解和适应气候变化以及粮食安全的精准畜牧业驱动的国家政策。

1 引言

2015年通过的《巴黎协定》，促使各国在未来努力实现向低排放且可持续的经济方向转型，最终为全球致力于应对气候变化的行动铺平道路。鉴于全球每年化石燃料和其他所有来源产生的二氧化碳（CO_2）排放量约为10 Gt碳（Boden，Marland and Andres，2017），提高土壤有机碳（SOC）已被认为是一种可行的缓解气候变化的路径之一，可以抵消部分由人类活动排放的温室气体（GHG），全球土壤的固碳潜力估计为30~60 Gt碳（Lal，2004；Sommer and Bossio，2014），并可能为开发和采用低碳技术争取时间。在家畜系统中，需要保证动物源食品以及饲养家畜对人类营养、健康和福祉的益处，同时减少温室气体排放以应对气候危机，降低其对粮食安全的影响。

2017年，第二十三届缔约方会议通过了《科罗尼维亚农业联合工作方案》（KJWA），讨论了农业在气候行动中的作用，同时考虑到农业应对气候变化的能力较弱以及其对粮食安全的重要性。KJWA通过调动知识、技术、资金和政策，使畜牧业为减缓气候变化方面发挥至关重要的作用。该方案承认畜牧业在减缓气候变化方面的战略重要性，包括提高放牧草地土壤碳储量、改进养分利用和粪便管理以及提高畜牧业管理等关键领域（Uwizeye et al.，2021）。显而易见，评估当前草地生态系统的状况以及土壤的固碳潜力，不仅对于更好地权衡草地服务于粮食安全、生物多样性保护、减缓气候变化之间的关系具有至关重要的意义，同时对如何改进当前的草地管理来实现减缓气候变化目标也具有重要意义。

草地主要是由草本植物构成的生态群落，树木或灌木很少甚至没有。有些是天然草地，也有些草地是由于其他植被，尤其是森林遭受破坏而形成的。人类利用草地来放牧，但并非所有草地都用于家畜放牧。有些草地可能受到保护（如禁止放牧），还有一些草地位于无法进行放牧活动的地区（Garnett et al.，2017）。

草地是世界上最大的生态系统之一，占地35亿ha（FAOSTAT，2016），其中近20亿ha草地用于牲畜放牧（FAOSTAT，2016；Mottet et al.，2017）。

天然草地（通常称为Rangelands）以多年生草本植物为主，其物种组成尚未被改变来提高家畜生产力。

改良草地（通常称为Pastures）则经过精细管理，具有较高的生产力。这些草地被人类通过播种高产优质的禾本科或豆科牧草，结合合理施肥、改良剂施用和灌溉等方式，来支持高强度的家畜放牧。然而，由于人工改良，改良草地的物种多样性较低。有时，这些草地上的饲草会被收割制成青贮饲料，用于冬季喂养家畜。在这种情况下，牲畜本身可能还需要补充饲料，它们的粪便进入土壤，从而给土壤进行额外的"施肥"（Garnett et al.，2017）。

半天然草地可以广义地被定义为"由低强度传统农业活动创造的栖息地，或在某些情况下，这类草地是处在土壤较贫瘠或裸露地带上的自然植被"（Garnett et al.，2017）。这类草地是一个动态变化的栖息地，可以通过耕作、补种和施肥等方式转变为耕地或改良草地（Garnettet al.，2017）。虽然半天然草地的定义往往会引发许多争论，但在这里，我们将半天然草地与经过更集中管理的草地和天然草地加以区分。

土壤以有机物质的形式储存了大量的碳。全球范围内，土壤碳储量大约是大气CO_2中碳量的2.3倍，是陆地所有活植物中碳量的3.5倍（Yang et al.，2019）。草地是陆地碳循环的重要组成部分，植被生物量中储存了119～121 Gt碳（Erb et al.，2018），1 m土壤储存了约343 Gt碳（Conant et al.，2017），并且具有0.5 t碳/（ha·年）的固碳潜力（Henderson et al.，2015；Conant et al.，2017）。

　　草地SOC储量取决于碳输入与输出之间的平衡。碳输入主要源自草地所有植物叶片光合作用获取的碳，以根系分泌物和凋落物（即总初级生产力，GPP）的方式输入土壤。草地的净初级生产力（NPP）是指在收获和其他损失之前，作为新植物组织储存的净碳量。此外，动物粪便也是碳输入的另一个来源。碳损失则通过自然过程，如呼吸作用、分解作用、侵蚀、淋溶、火灾以及动物采食等途径发生，同时也受到人为干扰（如生

物量收获）的影响。管理措施，如用作打草场或者放牧场，以及放牧强度（即放牧动物采食的NPP比例），可能会对SOC储量产生明显的影响。在草地放牧时，家畜摄取的生物量包含可消化和非可消化的有机化合物。摄入量的非可消化碳（25%~40%）可以通过排泄物（即粪便和尿液）返回土壤。可消化碳大部分则通过摄入后以CO_2的形式呼出（Chang et al.，2015），仅有很小一部分通过吸收同化来增加家畜体重（如肌肉）或形成动物产品（如牛奶），这些产品将被输出到草地生态系统之外的其他系统（Soussana，Tallec and Blanfort，2010）。最后，还有小部分被消化的碳通过反刍动物肠道发酵和粪便管理系统以CH_4的形式排放（Sejian et al.，2012）。

改良草地的SOC储量约占世界总SOC储量的20%，这意味着草地在全球碳循环和水循环中扮演着重要角色（Puche et al.，2019）。土壤既是碳源也是碳汇，但由于高强度放牧、农业利用和其他土地利用活动等人为因素，导致许多草地SOC存在损失。然而，这一趋势可以通过刺激根系和植物生长（如放牧和养分循环）的措施来逆转，并帮助碳从地上转移到地下，从而提高土壤碳输入。这些措施还可以增加生产力的稳定性，产生显著的社会、经济和环境效益。

现有研究表明，放牧管理与碳储量之间并没有明确的关系（Conant et al.，2017）。然而，轻度至中度放牧强度可以提高草地SOC储量（Abdalla et al.，2018），而过度放牧会降低SOC储量（Dlamini，Chivenge and Chaplot，2016）。土壤中碳和氮的相互作用对于调节主要的生态过程，如养分循环和能量流动，具有极其重要的意义（Sardans，Rivas-Ubach and Peñuelas，2012）。植物的生长需要充足的氮，因此土壤也需要氮来固定碳。这可以通过细菌固氮或施用含氮的矿物肥料或有机改良剂来实现（Liu et al.，2020）。虽然土壤氮输入可以促进碳的固定，但也会导致CH_4和N_2O的排放。因此，净温室气体平衡将取决于碳固定的效益是否超过其他温室气体的排放。

一般来说，通过调控放牧强度及引入优良品种增加牧草产量是增加

SOC储量的最佳管理技术。因此，合理的草地管理可以显著提高土壤碳储量（Lorenz and Lal，2018），而这些措施反过来又有利于提高土壤健康水平和其他生态系统服务功能。增加土壤碳含量的一个关键协同效益是提高养分可用性和循环，这既可以改善土壤肥力，又可以减少对化学肥料的需求。很多土壤功能和生态系统服务都依赖于SOC及其动态变化。随着土壤健康状况的改善以及水和养分可用性的增加，土壤应对极端气候事件（如干旱和热浪）的抗性也会增强，并提高草地抵御病虫害的能力，从而进一步改善动物健康。增强和维持土壤健康还有助于实现"联合国生态系统恢复十年行动"的目标，并推动"联合国2030年可持续发展议程"中概述的可持续发展目标（如减贫、消除饥饿、改善健康、应对气候行动、保护陆地生态、促进经济发展）。

本研究是畜牧业环境评估和绩效伙伴关系（FAO LEAP伙伴关系）的交付成果之一。FAO LEAP伙伴关系是一个多方利益相关者的组织，旨在改善畜牧业供应链的环境绩效，同时确保其经济和社会可行性。它由政府、私营部门以及民间社会和非政府组织（NGOs）这三个利益相关者群体组成。FAO LEAP伙伴关系致力于开发全面指导原则和方法论，以理解畜牧业供应链的环境绩效，并基于证据制定政策措施和商业战略。由学术界、私营部门和NGOs专家组成的技术咨询小组（TAGs）负责开发评估环境绩效的指导原则和方法论。土壤碳技术咨询小组进行了背景调查，并开发了衡量和模拟畜牧业生产系统中土壤碳储量及其变化指导原则的核心技术（FAO，2019）。这些指导原则的目标是制定一个统一的国际方法，用于估算畜牧业生产系统的SOC储量及其变化。我们推荐一套方法供牧民个体户或土地管理者，畜产品生命周期评估者，地方、区域或国家层面的政策制定者和监管机构使用。

鉴于草地生态系统在全球经济、营养和环境方面发挥的重要作用，FAO LEAP伙伴关系资助了这项研究，旨在阐明草地生态系统中土壤碳储量的状况及其固碳潜力。这项工作的具体目标如下：

- 评估2010年草地SOC储量的基线；

- 评估维持当前SOC储量所需的有机碳输入水平,并确定在当前条件下能否维持该水平的碳输入;
- 初步估算在全球实施增加SOC储量措施下草地SOC储量的增加潜力。

2 方法

2.1 FAO LEAP土壤有机碳（SOC）评估指南

LEAP土壤有机碳（SOC）评估指南描述了评估SOC储量和畜牧业生产系统变化的建模方法。该指南推荐了三种建模方法：经验模型（一级）、土壤模型（二级）和生态系统模型（三级）。

经验模型：通过经验方法估算SOC储量和变化，通常代表SOC储量变化与某些定义变量（如土壤质地、气候、土地使用或管理实践）之间的关系（Grigal and Berguson，1998；Davidson and Janssens，2006）。LEAP SOC评估指南推荐使用这些模型对SOC变化方向或幅度进行初步估算。

土壤模型：通过模拟SOC随时间的动态变化估算SOC储量的变化，同时综合考虑气候、土壤因素以及土地利用和管理变量的影响。该类型的模型以过程为导向，通常用于基于不同概念的碳库或碳库分室来预测SOC动态，这些碳库的大小会伴随着输入量、分解速率和有机质稳定机制的变化而变化。土壤模型侧重于调控土壤碳周转和转化的过程。模型中的每个土壤有机质库通过其在模型结构中的位置及其衰减率来表征。衰减率通常采用一阶速率动力学（Paustian et al.，1997）来描述碳库大小随时间的变化。为了将SOC储量变化估算纳入生命周期评估（LCA），LEAP指南建议至少使用二级模型来估算土地管理变化后的SOC。

生态系统模型：该模型也是以过程为导向，将气候、土壤、土地利用和管理等变量对SOC的动态影响纳入模型中。然而，这些模型模拟了碳循环之外的土壤过程，这些过程可能对SOC动态产生直接或间接的影响。因此，生态系统模型由不同的子模型构成，模拟地上和地下植物生物量及土壤水分动态、养分动态及其相互作用。

本研究的目的仅关注土壤碳，因此未包含生态系统模型，而是将经验模型和土壤模型整合到方法论中。

2.2　框架和方法论开发

LEAP指南建议为制定全球草地系统SOC储量和潜在SOC固存的评估框架奠定了基础。

采用LEAP指南推荐的二层方法（二级：土壤模型）估算草地系统的SOC储量基线，为评估2010年全球草地土壤提供了参考条件。

LEAP指南建议的土壤模型中，选择了Rothamsted碳模型（即RothC；Coleman and Jenkinson，1996），因为它是最常用的基于土壤过程的模型之一。RothC以月为时间长度来模拟非积水表层土中有机碳的周转，并以此估算总SOC。该模型已在样地、田间、区域和全球尺度上得到广泛测试和使用，使用的数据来自不同地点的长期田间试验（Diels et al.，2004；Pramod et al.，2021）。

RothC采用SOC库分类的方法，将SOC库分为惰性有机碳库（IOM）、腐殖质碳库（HUM）、微生物生物量碳库（BIO）、难分解植物残体碳库（RPM）和易分解植物残体碳库（DPM）。在分解过程中，物质在SOC库之间根据一阶速率方程进行换算。上述方程的特点是每个库均具有一个特定的速率常数，这个速率常数可以根据土壤温度、湿度和作物覆盖率进行调整。分解过程导致CO_2的排放，植被类型影响输入的碳在RPM和DPM两个库之间的分配，因此DPM与RPM的比值通常取决于植被类型。RothC模型中包括四种植被类型：农田、改良草地、未改良草地和森林，其DPM与RPM比值分别为1.44、1.44、0.67和0.25。对于给定的总碳输入量和矿化率，DPM与RPM比值较低的土地利用表现出较高的总SOC储量。

选择LEAP指南推荐的一层方法（一级：经验模型）来探究全球草地生态系统固碳的潜力。本分析基于Sommer和Bossio（2014）及Zomer等（2017）的中等固碳方案，通过改进实践和管理，草地SOC可以增加到普通接受的（可达到的）量，从而确定碳固存的位置和数量。选择经验方法而不是基于过程的方法可以减少管理数据上的不确定性。由于生态和社会经济各种因素的影响，各国甚至各农场采用不同的管理模式，因此，很难确定专门用于增加土壤碳管理措施的明确的空间分布。相反，采用经验方法可以估算改进管理措施（例如施用动物粪便、农林系统复合、轮牧或其他已知在十年内增加土壤碳的措施）后可实现SOC增加的百分比。这种方法为无法实施更复杂、需要密集数据并以过程为导向建模方法的国家提供了一个通用框架。

这里介绍的两种方法需要特定的输入数据和不同的建模假设。关于两种方法的数据要求和模型初始化的详细信息将在以下章节中给出。由于所用方法的特点，将分别采用上述方法分析和讨论2010年草地生态系统SOC储量基线和土壤碳固存潜力。

2.3 草地土壤碳储量基线的评估

采用二层土壤模型估算由于土地利用或管理变化引起的SOC变化时，需要进行模型初始化。初始化是指设置估算期开始时的初始SOC条件（总SOC和不同库的SOC），以确保进一步模拟结果的准确可靠。

该模型使用世界土壤数据库（HWSD，1.2）提供的初始土壤条件（FAO，IIASA，ISRIC，ISS-CAS & JRC，2012）。HWSD是一个30角秒分辨率的数据库，包含超过15 000个不同的土壤绘图单元，这结合了全球现有区域和国家最新土壤信息及FAO-UNESCO全球土壤地图（比例尺1∶5 000 000）中的信息。HWSD以30角秒（约1 km）的分辨率提供1 m深的土壤数据，该方法适用于每个网格单元中的主要土壤类型。该数据库具有用于驱动RothC模型的0～30 cm土壤深度的土壤性质，包括有机碳含量、容重、粗碎片和黏粒成分。RothC模型在主要土壤类型的30 cm深的单元格（网格单元面积百分比>50%）上运行。

RothC模型需要每个月的降水量和温度数据，这些数据可用于确定各种土壤过程的基于温度的速率调节器。1980—2010年的月平均温度和降水量数据来自AgMERRA气候数据集（即0.5°的空间分辨率）（Ruane，Goldberg and Chryssanthacopoulos，2015）。

土地覆盖估算使用了2010年气候变化倡议（CCI）和土地覆盖（LC）数据v2.0.7（ESA，2017）。CCI-LC预测数据（空间分辨率为300 m）可反映RothC模型中的两大类草地类型，即改良草地和未改良草地。根据RothC假设，我们将CCI-LC类别重新分类为改良草地和未改良草地，其中改良草地是管理系统，未改良草地接近于半自然环境（表1）。CCI-LC

类别的完整描述及其与联合国开发的土地覆盖分类系统的直接关联可以在CCI-LC产品用户指南（ESA，2017）中找到。

表1 CCI-LC类别重新分类为改良草地和未改良草地

CCI-LC类别	本研究中使用的新类别
农田镶嵌（>50%）/自然植被（乔木、灌木、草本覆盖）（<50%）	改良草地
自然植被镶嵌（乔木、灌木、草本覆盖）（>50%）/农田（<50%）	改良草地
草地	改良草地
乔木和灌木镶嵌（>50%）/草本覆盖（<50%）	未改良草地
草本镶嵌（>50%）/乔木和灌木（<50%）	未改良草地
灌木丛	未改良草地
稀疏植被（树木、灌木、草本覆盖）（<15%）	未改良草地

模拟仅在这两类草地上进行，其分布如地图1所示。对于改良草地，我们使用的DPM与RPM比值为1.44（即59%的植物材料是DPM，41%是RPM）。对于未改良草地，使用的比值是0.67。

按照政府间气候变化专门委员会（IPCC）的方法估算年度植物残体输入量（IPCC，2006）。植物残体的碳输入量（C_{Res}）通过地上和地下残体总和计算得出，然后转换为碳含量。

$$C_{Res}=C_{AGR}+C_{BGR} \quad （公式1）$$

式中，C_{AGR}是地上残体中的碳含量，C_{BGR}是地下残体中的碳含量。

按照IPCC第11章中的方法（IPCC，2019），地上残体可以根据总地上生物量来估算。然后按公式2转换为含碳总量：

$$C_{AGR}=（AG_{DM}×0.3）×0.475 \quad （公式2）$$

式中，AG_{DM}是地上干物质量，0.3为输入土壤量占地上干物质量的比例，0.475为地上输入干物质的含碳量。

同样的方法也可用于估算地下生物质残余物的含碳总量：

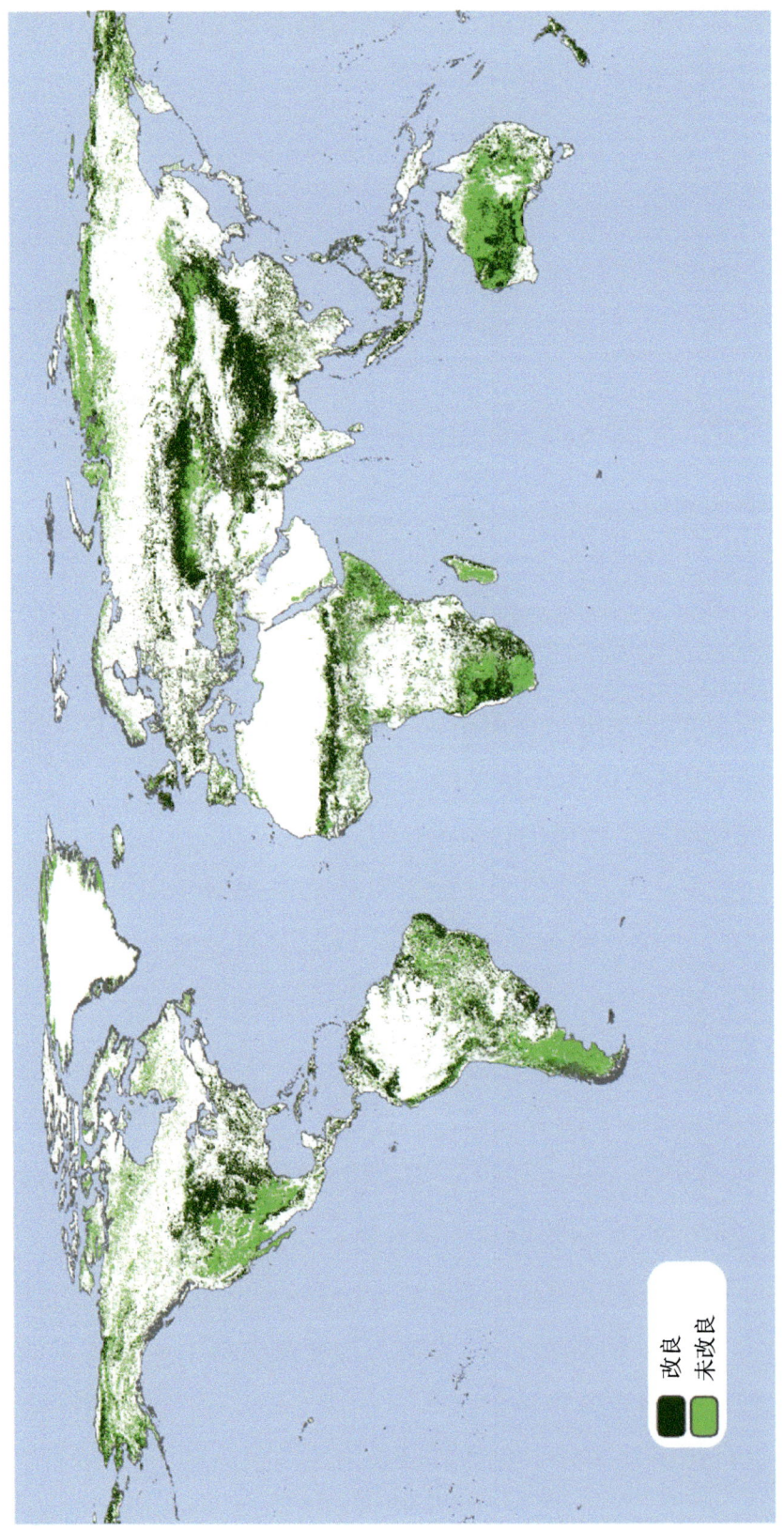

地图1 未改良与改良草地系统的空间分布

资料来源：United Nations Geospatial. 2020. *Map of the World*. United Nations. Cited 22 August 2022. Modified with data from ESA, 2017.

本插图系原文插图。

2 方法

$$C_{BGR} = (BG_{DM} \times 0.9) \times 0.475 \qquad (公式3)$$

式中，BG_{DM}为地下干物质量，0.9为输入土壤量占地下干物质量的比例，0.475为地下输入干物质的含碳量。

我们使用GLEAM 2.0模型估算了2010年每公顷地上干物质量（FAO，2020a）。每公顷鲜物质产量和相应的土地面积数据来源于修订后的全球农业生态区数据集（GAEZ 3.0）（IIASA and FAO，2012）和Haberl等（2007）的数据，并以此估算草地的地上净初级生产力。最后，使用0.9作为干—鲜产量比，将鲜草产量转化为干草产量（Opio et al.，2013）。

此外，根据2010年的氮沉积量估算动物排泄物的碳输入量（C_{Exc}），其中氮沉积量由GLEAM 2.0模型计算得出。动物排泄所损失的氮以及排泄氮的施用率和沉积率的计算均可以通过GLEAM 2.0模型中的"manure"模块功能实现（FAO，2020a），然后利用粪便平均碳氮比（17.5）将沉积氮换算为碳（FAO，2015a），最后作为输入变量应用到RothC模型。

上述所有输入变量均统一为1 km空间分辨率，RothC模型的初始化使用了长期（比如10 000年）的"spin-up"模拟（Coleman and Jenkinson，1996），通过迭代运算调整碳输入来估算土壤碳库比例，从而再现HWSD数据集的SOC；然后使用30年的短期"warm-up"模拟来估算2010年的土壤条件（FAO，2019，2020a）。选择2010年是为了与GLEAM 2.0模型中的数据保持一致，并使RothC模型估算的潜在SOC与GLEAM 2.0模型估算的温室气体排放量保持一致。

为了使本研究结果与使用GLEAM模型对家畜系统进行生命周期评估的分析相一致，使用全球行政图层（GAUL）数据库（FAO，2015b）按地区对本研究结果进行分析。

使用皮尔逊相关性检验分析RothC模型中多个输入变量以及模拟SOC之间的相关性（Smith and Smith，2007），尤其是对模拟SOC（基线SOC）、初始SOC（HWSD土壤碳数据）、潜在蒸散量、气温、降水量和SOC输入量之间进行了相关性检验。研究RothC对不同输入参数的敏感性，以量化这些参数对模拟SOC的影响（Smith and Smith，2007）。每次只改变其中一个参数，其他参数保持不变，通过模拟来评估平均温度变化（升高/降低范围从−2~2℃，增量为1℃）、初始SOC含量变化（减少/增加范围为−50%~+50%，增量为20%或30%）以及总碳输入量变化（减少/增加范围为−50%~+50%，增量为20%或30%）如何影响SOC。对于每种情景，SOC的相对变化均以百分比计算。所有分析均使用R4.0.3软件进行（R Core Team，2013）。

2.4 评估当前土壤有机碳储量维持所需的碳输入量

RothC模型以"正向"和"反向"两种模式运行。"正向"模式是通过已知的碳输入计算土壤有机质的变化，"反向"模式是根据土壤有机质的已知变化计算10 000年平衡状态下的碳输入。在这项研究中，该模型在"反向"模式的平衡状态下运行，来预测维持当前有机碳水平所需要的植物碳输入。在以"反向"模式初始化模型之前，首先使用Falloon等（1998）开发的方程从已知SOC储量估算惰性有机物（IOM）储量的大小，然后将剩余的SOC储量（即总储量减去IOM）用作输入变量，并迭代调整土壤碳输入，直至达到该输入值。

$$IOM = 0.049 \times SOC^{1.139} \qquad （公式4）$$

当在"反向"模式下运行时，RothC只需要两个与管理相关的输入数据。第一个是土壤裸露的月份数，所有草地的这一输入变量都被设置为零，因为草地生态系统永远不会裸露。第二个输入变量是有机添加物输入到土壤的碳比例，这主要源自植物残体和动物粪便及其他有机产物。在RothC中，植物残体和有机添加物向土壤提供碳的方式是特定的，反映了它们在可分解性方面的差异。因此，为了使用RothC来估计维持当前SOC储量水平所需的碳输入量，估算了植物残体的碳输入量（C_{Res}）和动物排泄物的碳输入量（C_{Exc}）之间的比例。

将估算的碳输入（C_0）与总碳输入（$C_{Res}+C_{Exc}$）进行比较，以评估在当前条件下碳输入水平能否足够维持当前SOC（Martin et al.，2021）。因此，给定土壤碳平衡（C_{bal}）被定义为可用碳输入（$C_{Res}+C_{Exc}$）与估算的碳输入（C_0）之差，正如下面RothC模型的估算：

$$C_{bal} = (C_{Res} + C_{Exc}) - C_0 \qquad \text{（公式5）}$$

如果C_{bal}不等于零，则稳态假设不成立。存在以下两种情况：$C_{bal}<0$表明当前总碳输入不足以维持现有SOC储量，SOC呈下降趋势；$C_{bal}>0$，SOC储量可能呈增加趋势。

同样使用全球行政图层（GAUL）数据库（FAO，2015b）进行区域结果的统计分析。

2.5　草地生态系统土壤有机碳固存潜力评价

利用Zomer等（2017）开发的经验方法估算了全球草地生态系统土壤的固碳潜力。该方法估算了采用改善管理措施20年后可实现的SOC增长百分比，然后使用地理空间分析来估计草地生态系统中可能实现的有机碳固存，并确定全球有机碳的增汇潜力。

0~30 cm土壤深度的初始SOC（t碳/ha）、容重（kg/m³）和含沙量（g/g 土壤）数据均从世界土壤信息数据库（ISRIC）（250 m空间分辨率）中提取（Hengl et al.，2014）。

使用全球土地植被覆盖数据库SHARE Beta-Release v1.0（GLC_SHARE；FAO，2014）来确定草地的范围和分布。该地理空间数据库提供了1 km网格单元内土地覆盖面积的百分比。对GLC_SHARE数据集重采样到250 m（0.002 083 333°），以便对土壤数据进行分析和地理数据处理。根据联合国土地覆被分类系统，"草地"包括任何以天然草本植物（如草地、北美草地Prairies、欧亚大陆草地Steppes和非洲草地Savannahs）为主的地理区域，如果其覆盖率不低于10%，允许人类和/或动物的活动（如放牧、选择性火源管理等）；如果覆盖面积小于10%，允许木本植物（树木和/或灌木）存在。

Sommer和Bossio（2014）以及Zomer等（2017）详细描述了使用地理空间分析方法估算20年后草地SOC潜在的可增长量。Sommer和Bossio（2014）使用4个参数的S型函数描述了改良管理后SOC增加的百分比：

$$SOC = SOC_0 + \frac{a}{1+e^{-\frac{t-t_0}{b}}} \qquad （公式6）$$

式中，SOC_0是初始SOC含量（百分比），a和b是经验常数，t是时间（以年为单位），t_0是曲线斜率最大的年份（即年固存率最高的年份）。根据Sommer和Bossio（2014）计算的情景参数为：a=0.697；b=11.5；t_0=4。

根据这条曲线计算出20年后SOC的增加百分比为0.27%（图1）。

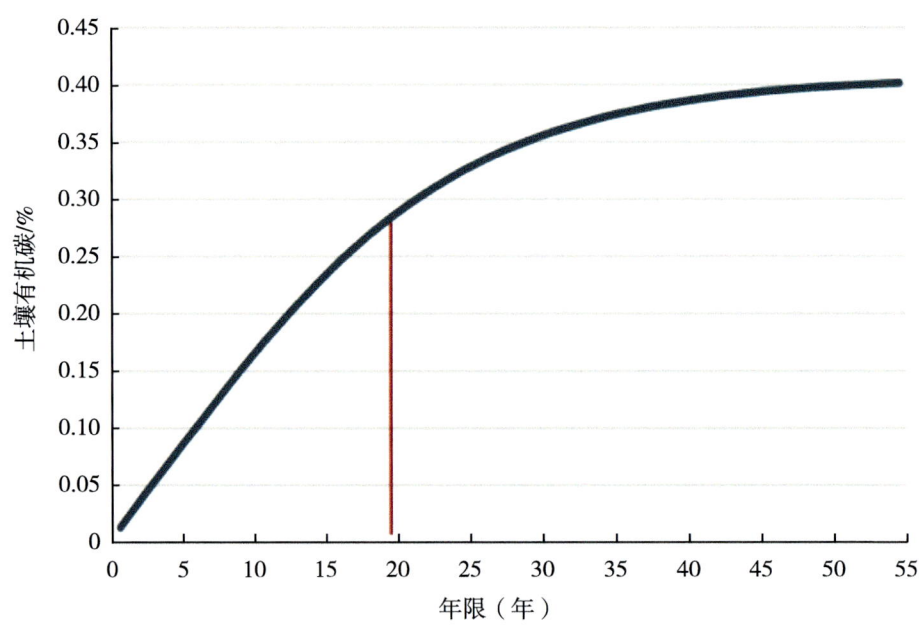

图1　草地改良管理后土壤有机碳随年限的增加百分比

资料来源：Sommer, R. & Bossio, D. 2014. Dynamics and climate change mitigation potential of soil organic carbon sequestration. Journal of Environmental Management，144：83-87. https://doi.org/10.1016/j.jenvman.2014.05.017.

首先使用容重将SOC（t碳/ha；250 m分辨率土壤数据）转换为SOC百

分比，然后将SOC的估计增加百分比（0.27%）添加到SOC百分比中，并将结果转换回SOC量（t碳/ha）。

高SOC土壤［即加权平均容重（0~30 cm）≤1.0 kg/m^{3}和/或>400 t碳/ha的土壤］和砂质土壤（即在15 cm处的砂粒含量≥85%）不再进一步分析。这些土壤之所以被排除，主要是因为它们固存碳的潜力可以忽略不计。

所有的结果都被转换为全球广泛采用的正弦曲线投影，以便于计算面积。以250 m栅格单元面积百分比为单位，对曾以1 km栅格单元面积百分比为单位计量的GLC_SHARE-Dominant（Class 3=草地）数据集（FAO，2014）进行重新采样，并乘以通过各种方法计算的SOC总量（t碳/ha），以计算每个栅格单元的实际碳总量（即给定该栅格单元的实际草地面积）。采用全球行政图层（GAUL）数据库（FAO，2015b）来分析各地区的结果。

3 结果

3.1 全球土壤有机碳储量基线

2010年，全球草地30 cm深土壤储存了63.5 Mt碳，其中未改良系统（33.8 Mt）碳储存略高于改良系统（29.8 Mt碳）。在未改良草地系统中，俄罗斯和美洲的草地SOC储量居各地区之首，而南亚和东欧的SOC储量均低于1 Mt碳。在改良草地中，中南美州地区的SOC储量最高（5.6 Mt碳），其次是俄罗斯（5.1 Mt碳）和东亚（4.9 Mt碳）。东欧是唯一SOC储量低于1 Mt碳的地区，而其他地区的SOC储量范围从南亚的1.3 Mt碳到北美的3.5 Mt碳不等（图2）。

2010年，未改良草地SOC储量平均为53 t碳/ha，改良草地为50 t碳/ha。全球SOC储量分布受温度和降水量的强烈影响，热带地区草地SOC储量通常较低，因为这些地区更热和/或干燥，较冷和较湿的纬度地区则较高。改良草地（地图2）和未改良草地（地图3）SOC的空间分布及其对碳储量总量的贡献在南北半球之间存在显著差异。世界大部分草地SOC储存在北半球，特别是在永久冻土和潮湿的北方地区。相比之下，东亚、撒哈拉以南非洲和北美部分地区的大片草地位于低碳密度土壤上。

在改良草地系统中，俄罗斯、欧洲和北美地区每公顷储存的土壤碳量最大，分别为76 t碳/ha、61 t碳/ha和60 t碳/ha（地图2）。在未改良草地系统中，俄罗斯和北美地区的土壤碳储量更高，分别为92 t碳/ha和56 t碳/ha（地图3）。俄罗斯地区的SOC储量占全球SOC总量的50%以上。与北美一起，这两个地区的草地似乎没有遭受人为造成的土壤退化。

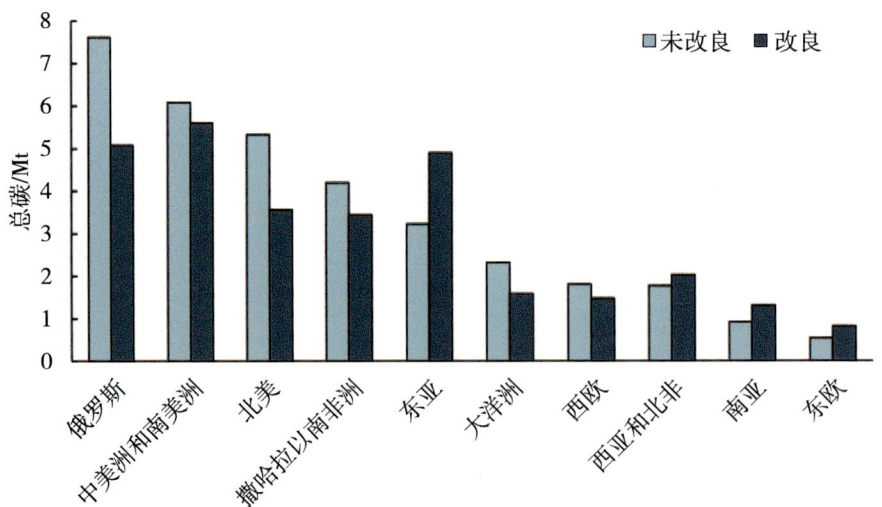

图2 利用RothC模型估算2010年全球改良与未改良草地土壤总有机碳（SOC）

资料来源：UN. 2020. *Map of the World*, modified with data from Coleman, K. & Jenkinson, D. S. 1996. RothC-26.3 - A Model for the turnover of carbon in soil. In: Powlson, D.S., Smith, P., Smith, J.U., eds. *Evaluation of Soil Organic Matter Models*. NATO ASI Series, 38: 237-246. Springer, Berlin, Heidelberg.

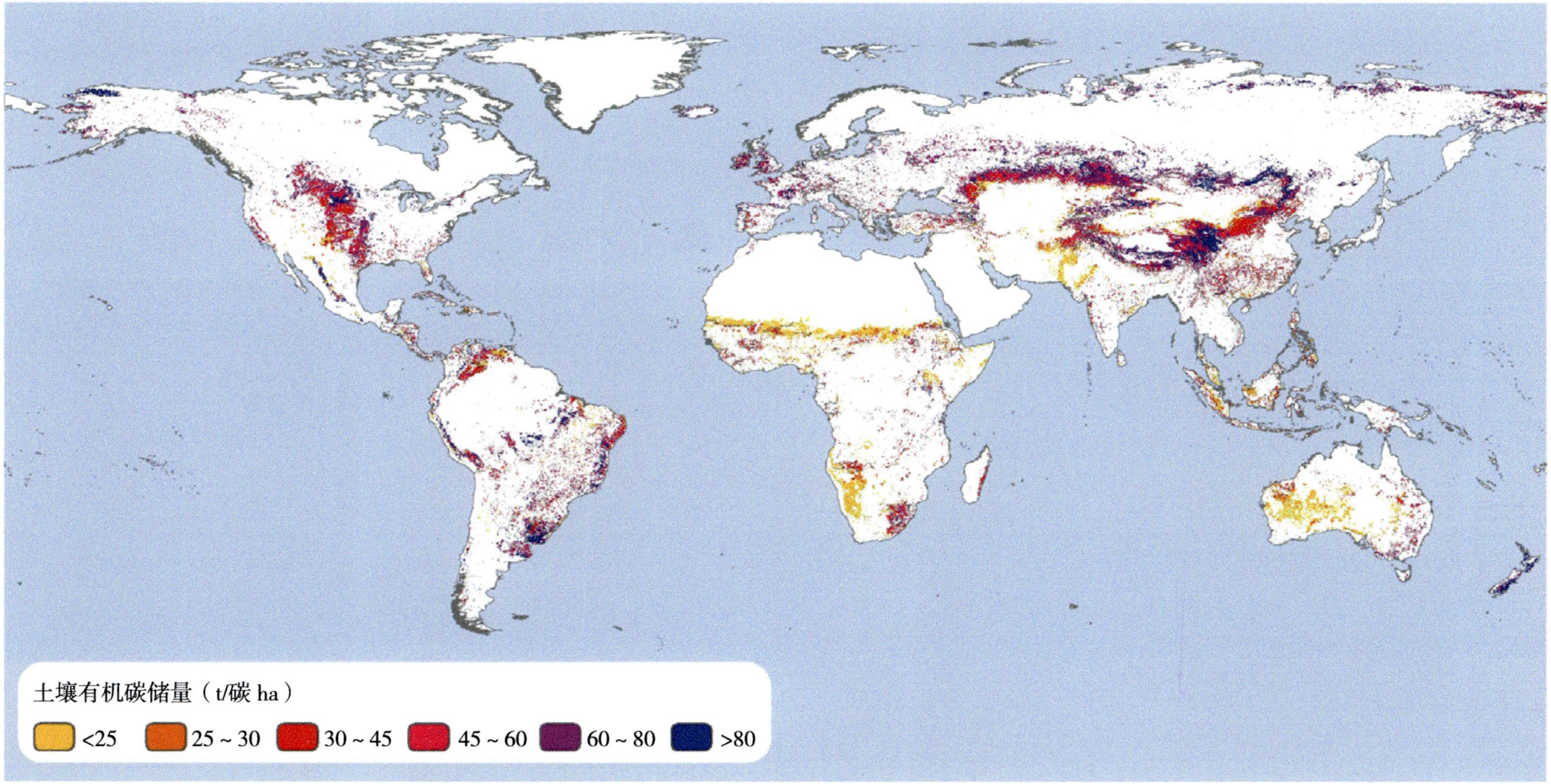

3 结果

土壤有机碳储量（t碳/ha）
| <25 | 25~30 | 30~45 | 45~60 | 60~80 | >80 |

地图2 改良草地表层（30 cm）土壤有机碳（SOC）储量基线

资料来源：United Nations Geospatial. 2020. *Map of the World*. United Nations. Cited 22 August 2022. Modified with data from Coleman and Jenkinson, 1996.

本插图系原文插图。

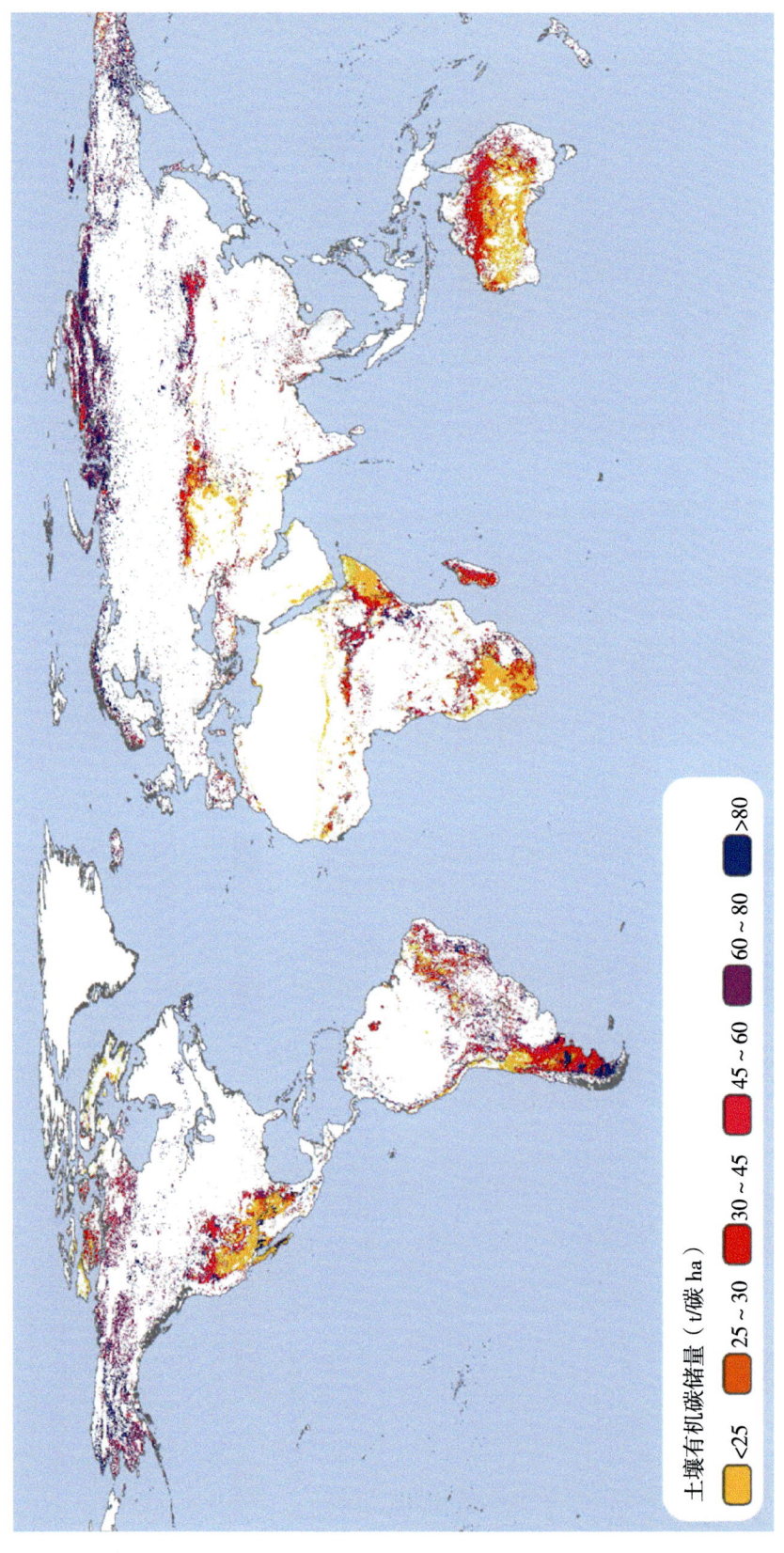

地图3 未改良草地表层（30 cm）土壤有机碳（SOC）储量基线

资料来源：United Nations Geospatial. 2020. *Map of the World*. United Nations. Cited 22 August 2022. Modified with data from Coleman and Jenkinson, 1996.
本插图系原文插图。

在改良草地系统中，中美洲、南美洲、东亚、西亚和北非地区草地具有中等SOC储量，范围为52～56 t碳/ha。南亚、大洋洲和撒哈拉以南非洲地区的SOC储量非常低，仅占全球总量的3.9%（地图2）。

在未改良草地系统中（地图3），仅在中美洲和南美洲发现中等的SOC储量（49 t碳/ha），而在其他地区SOC储量水平低于全球平均水平，范围从撒哈拉以南非洲的32 t碳/ha到南亚的35 t碳/ha。

植物残体和动物粪肥也会影响SOC储量。全球范围内，以2010年为参考基准年，改良草地土壤年均碳输入总量估计为3.23 t碳/（ha·年）。在撒哈拉以南非洲和中美洲及南美洲地区，改良草地年均碳输入总量高于平均值，分别达到6.7 t碳/（ha·年）和5.8 t碳/（ha·年）（图3）。相反，俄罗斯[2.0 t碳/（ha·年）]和西亚及北非地区[2.1 t碳/（ha·年）]年均碳输入总量较低。全球范围内，以2010年为参考基准年的未改良系统中，土壤年均碳输入总量估算为2.35 t碳/（ha·年），接近全球各地区总有机碳输入的区域平均值（图3）。

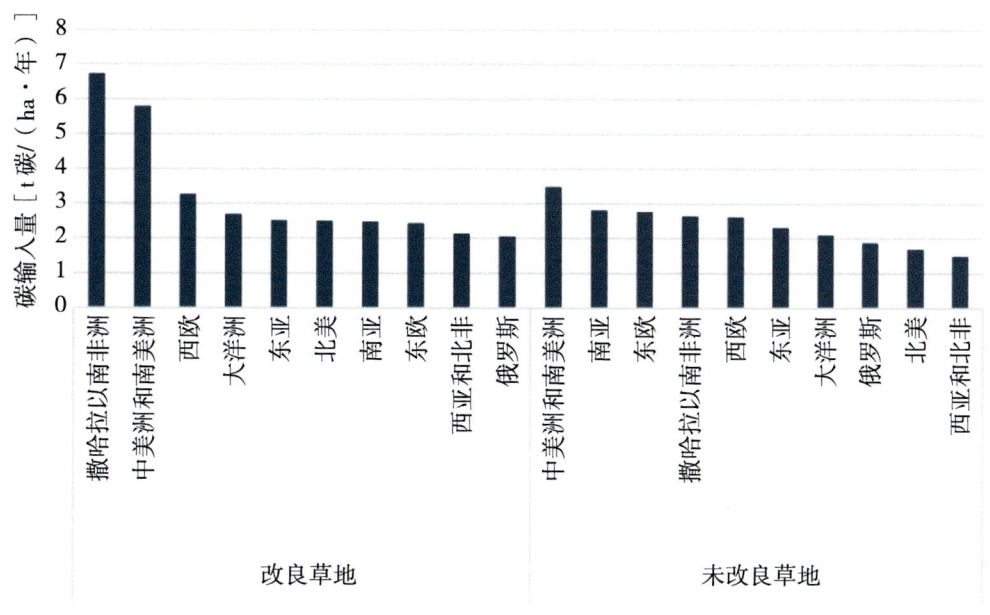

图3　改良草地与未改良草地土壤总有机碳输入（植物和动物排泄物）的区域平均值

资料来源：UN. 2020. *Map of the World*, modified with data from Coleman, K. & Jenkinson, D. S. 1996. RothC-26.3 - A Model for the turnover of carbon in soil. In: Powlson, D.S., Smith, P., Smith, J.U., eds. *Evaluation of Soil Organic Matter Models*. NATO ASI Series, 38: 237–246. Springer, Berlin, Heidelberg.

3.2 当前碳储量的评估

改良草地比未改良草地需要更高的碳输入来维持当前的SOC储量［平均值分别为2.1 t碳/（ha·年）和1.3 t碳/（ha·年）］。

在撒哈拉以南非洲［6 t碳/（ha·年）］以及中美洲和南美洲［5 t碳/（ha·年）］的改良草地需要的碳输入最高。相反，俄罗斯、西亚和北非地区则需要的土壤碳输入较低，其输入值低于1 t碳/（ha·年）。在未改良草地也发现了同样的区域分布，俄罗斯只需要0.3 t碳/（ha·年）就可以维持当前的土壤碳储量水平，而中美洲和南美洲的部分地区需要的碳输入量是平均值的2倍以上（图4）。

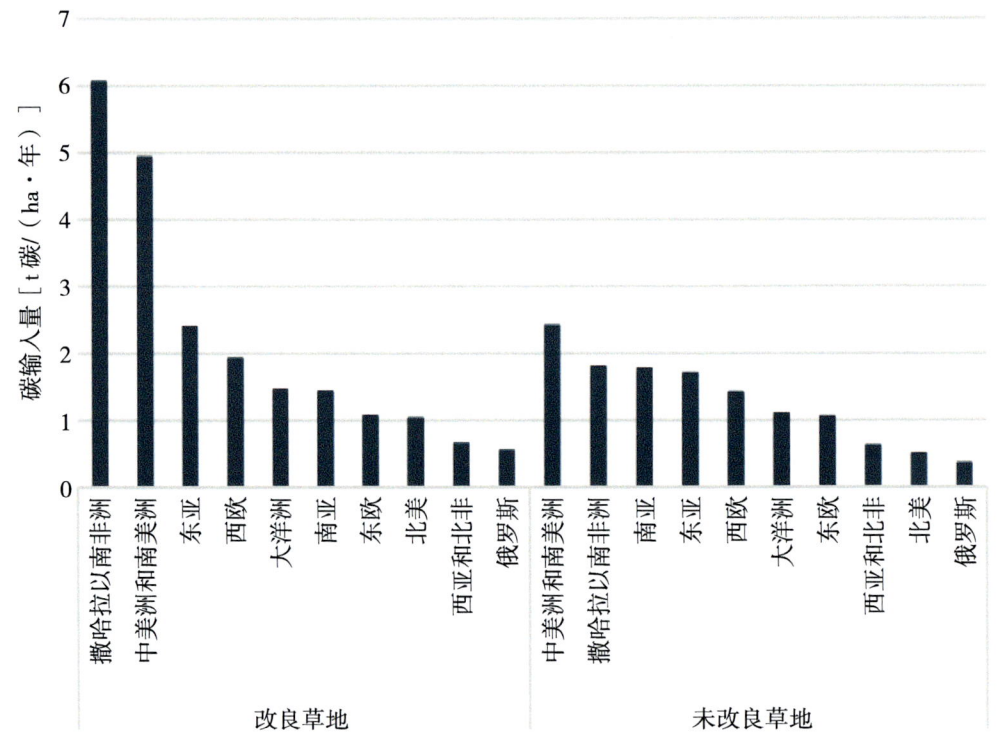

图4 维持未改良和改良草地土壤当前碳水平所需碳输入的区域平均值

资料来源：UN. 2020. *Map of the World*, modified with data from Coleman, K. & Jenkinson, D.S. 1996. RothC-26.3 - A Model for the turnover of carbon in soil. In: Powlson, D.S., Smith, P., Smith, J.U., eds. *Evaluation of Soil Organic Matter Models*. NATO ASI Series, 38: 237-246. Springer, Berlin, Heidelberg.

在SOC储量高且矿化系数也高的地区（温和湿润条件）或高SOC储量

的沙质土地区,维持当前土壤碳储量均需要更高的碳输入量。相反,在低土壤有机碳储量和中度至低度矿化水平的地区则需要较低的碳输入量。因此,维持当前土壤有机碳储量的碳输入全球分布格局受到气候和当前土壤条件相互作用的强烈影响(地图4)。

在我们的框架中,估算的碳输入量是维持碳储量在稳定状态下所需的碳量。我们比较了总碳输入量($C_{Res}+C_{Exc}$)与估计碳输入量,它们之间差值称为碳平衡(C_{bal})。当前碳平衡可以用于评估当前SOC储量是增加还是减少。大多数草地土壤似乎获得了足够的有机物来维持当前碳储量。当前改良草地和未改良草地生态系统平均碳平衡为1.1 t碳/(ha·年),表明土壤有机碳储量正在增加。

在区域水平上,东欧和俄罗斯的未改良草地表现出最高的正平衡,分别为1.7 t碳/(ha·年)和1.5 t碳/(ha·年),而东亚地区的正碳平衡最低〔0.6 t碳/(ha·年)〕(图5)。俄罗斯改良草地的碳平衡模式与未改良草地类似,其碳平衡在所有地区中最高〔1.5 t碳/(ha·年)〕。相反,我们发现东亚地区的改良草地接近碳中和〔0.1 t碳/(ha·年)〕,其次是撒哈拉以南非洲〔0.6 t碳/(ha·年)〕以及中美洲和南美洲〔0.8 t碳/(ha·年)〕(图5)。

然而,值得注意的是,在一些国家这两种草地生态系统均出现负碳平衡。分析表明,土壤可输入碳量低于维持当前土壤有机碳储量所需的估算量,因此不足以使碳储量维持在当前稳定状态。在改良草地,最高负碳平衡出现在印度尼西亚〔-6.7 t碳/(ha·年)〕、菲律宾〔-5.1 t碳/(ha·年)〕、哥伦比亚〔-4.5 t碳/(ha·年)〕、马来西亚〔-3.9 t碳/(ha·年)〕和乌拉圭〔-3.3 t碳/(ha·年)〕,表明这些地区当前有机碳储量可能由于人为压力和气候条件而减少(地图5)。在哥伦比亚〔-6.2 t碳/(ha·年)〕、印度尼西亚〔-5.3 t碳/(ha·年)〕和墨西哥〔-0.9 t碳/(ha·年)〕的未改良草地也表现出负碳平衡(地图6)。

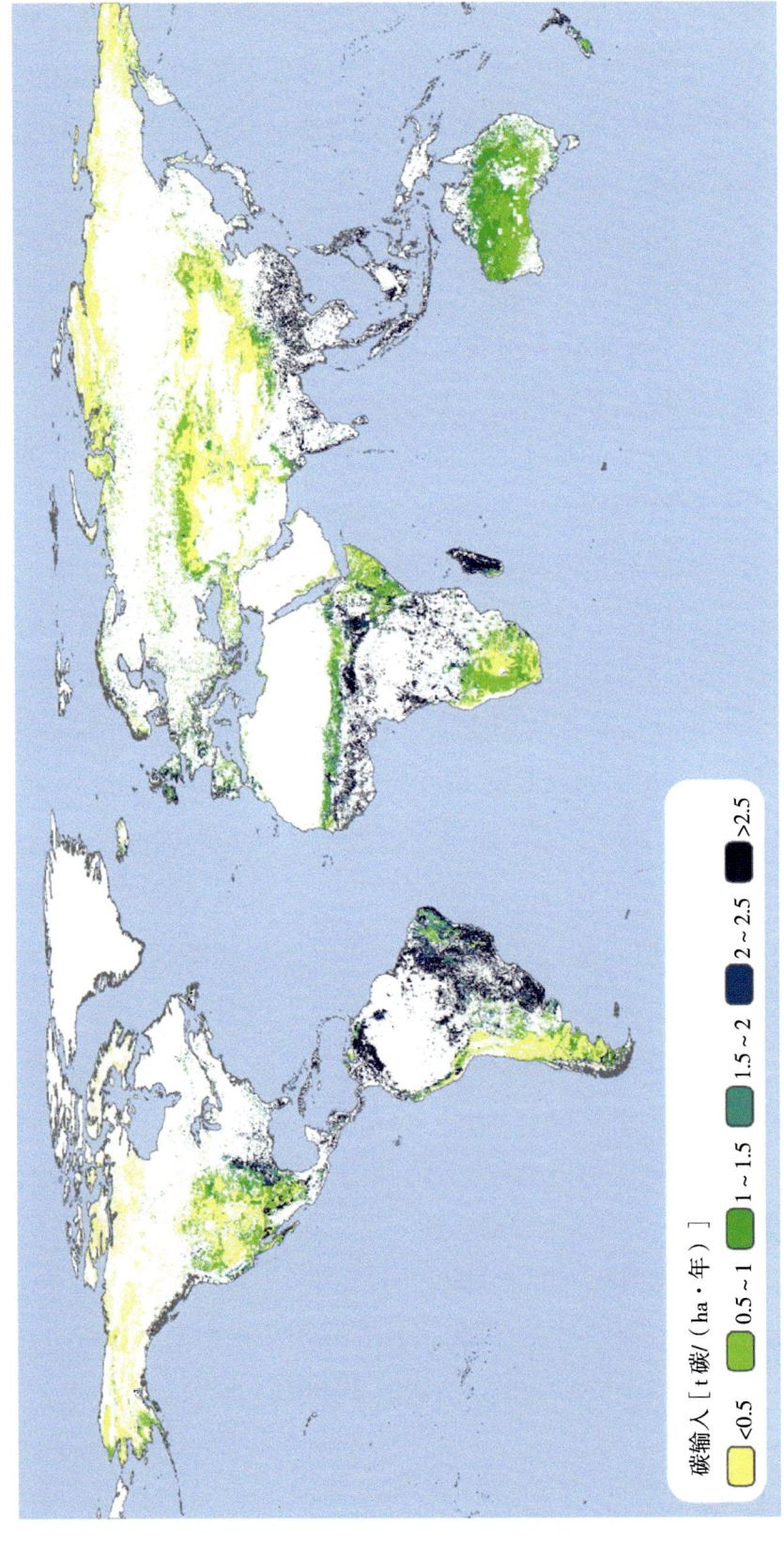

地图4 未改良和改良草地维持当前土壤有机碳储量所需的全球碳输入水平

资料来源：United Nations Geospatial. 2020. *Map of the World*. United Nations. Cited 22 August 2022. Modified with data from Coleman and Jenkinson, 1996.

本插图系原文插图。

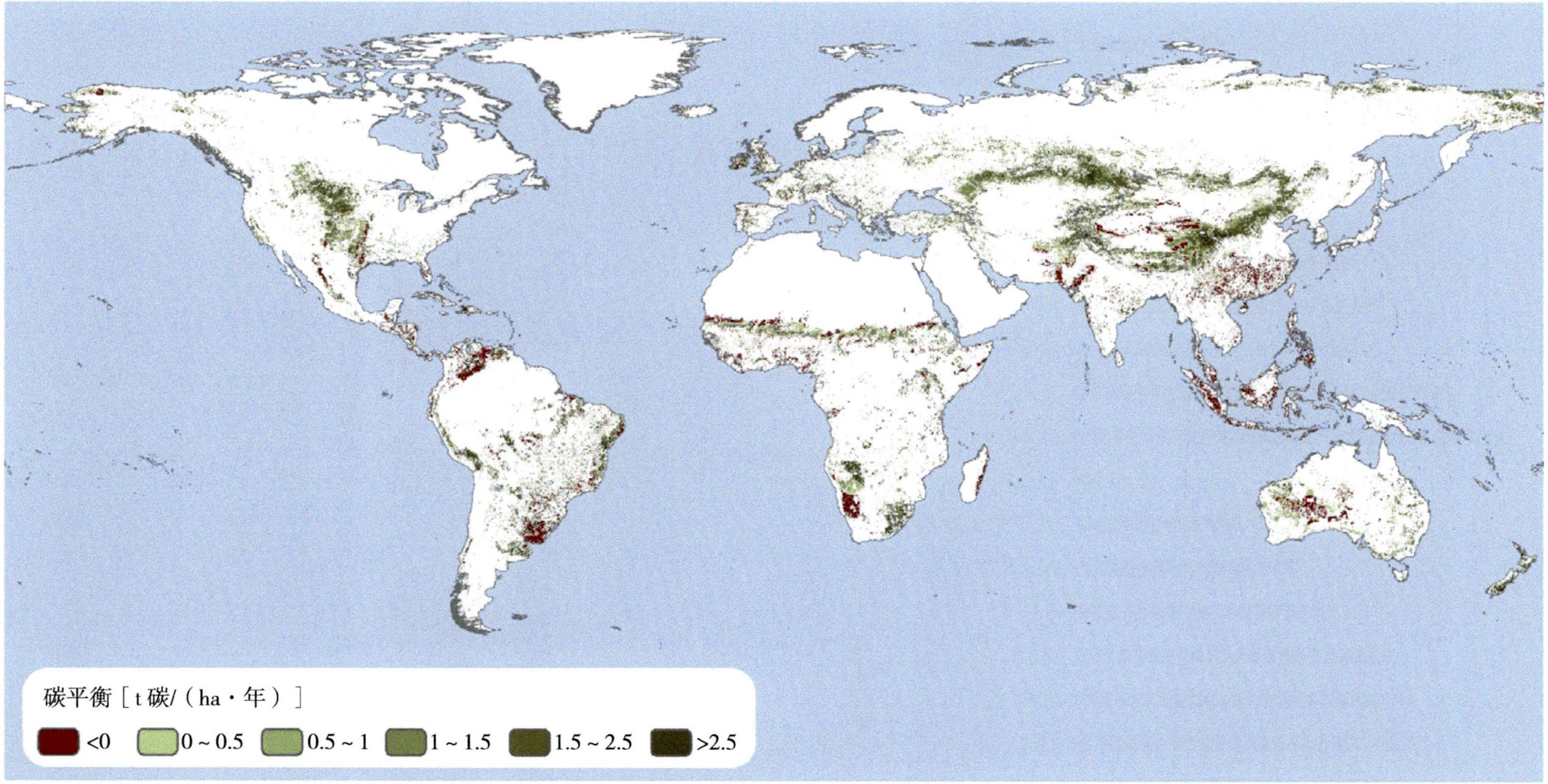

碳平衡 [t 碳/（ha·年）]

■ <0　■ 0～0.5　■ 0.5～1　■ 1～1.5　■ 1.5～2.5　■ >2.5

地图5　改良草地系统的碳平衡

注释：负值表示当前碳储量无法维持。在当前气候条件下计算了碳平衡。

资料来源：United Nations Geospatial. 2020. *Map of the World*. United Nations. Cited 22 August 2022. Modified with data from Coleman and Jenkinson, 1996.

本插图系原文插图。

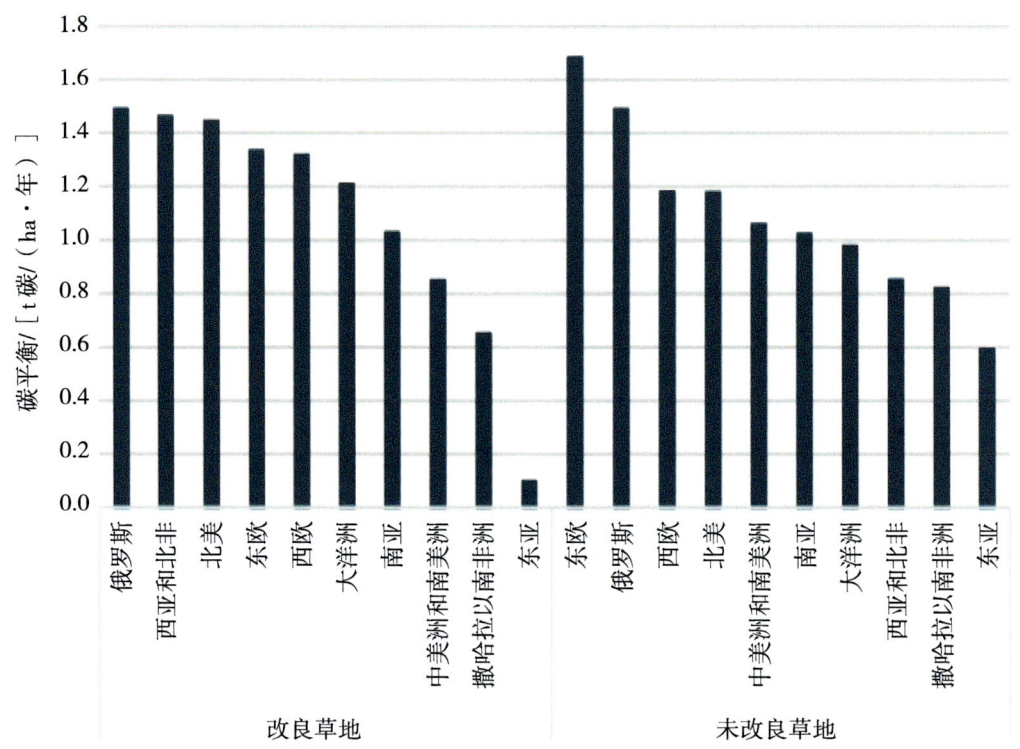

图5 未改良和改良草地系统的区域碳平衡

资料来源：UN. 2020. *Map of the World*, modified with data from Coleman, K. & Jenkinson, D.S. 1996. RothC-26.3 - A Model for the turnover of carbon in soil. In：Powlson，D.S.，Smith，P.，Smith，J.U.，eds. Evaluation of Soil Organic Matter Models. NATO ASI Series，38：237−246. Springer，Berlin，Heidelberg.

3.3 土壤有机碳的固存潜力

当前，对全球土壤碳储量、趋势和固存潜力的估算是粮食安全和气候变化等重要议题的核心。在这一宏观背景下，创新家畜放牧管理策略能够有效地从大气中捕获碳并将其固存于土壤中。特别是，那些经过精心设计、良好适应的放牧系统——融合改良草地技术与优化放牧管理措施，有可能增加退化草地或尚未达到固碳潜力草地的土壤有机碳。

俄罗斯具有最高的固碳潜力，在实施一系列最佳管理措施20年后，其平均土壤有机碳储量达到了191 t碳/ha（图6）。然而，俄罗斯的土壤平均碳密度已然处于较高水平，高达186 t碳/ha，这些土壤可能已逼近其固碳潜力

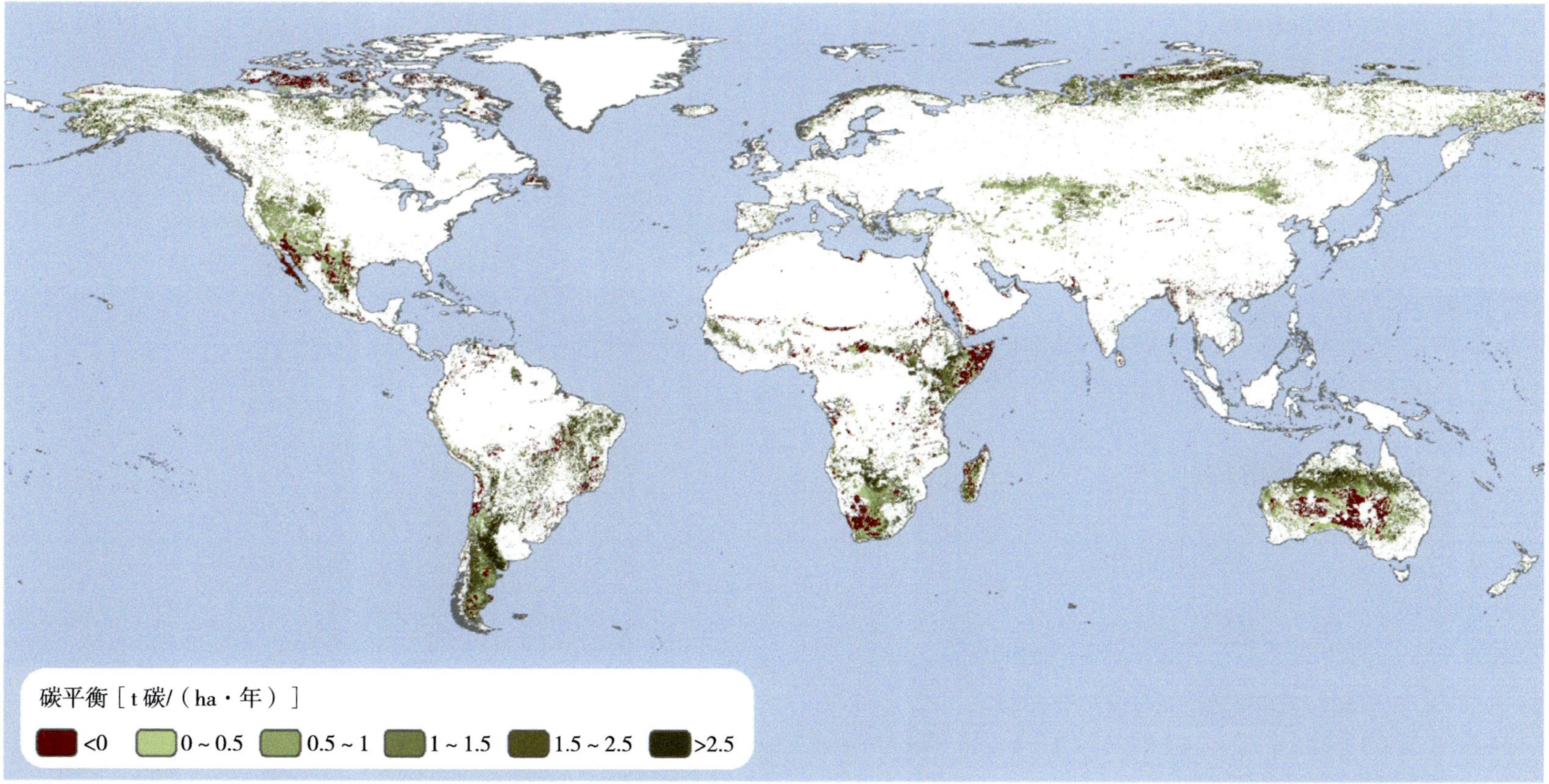

3 结果

地图 6 未改良草地系统的碳平衡

注释：负值表示当前碳储量无法维持。在当前气候条件下计算了碳平衡。

碳平衡 [t 碳/（ha·年）]
- <0
- 0~0.5
- 0.5~1
- 1~1.5
- 1.5~2.5
- >2.5

资料来源：United Nations Geospatial. 2020. *Map of the World*. United Nations. Cited 22 August 2022. Modified with data from Coleman and Jenkinson, 1996.

本插图系原文插图。

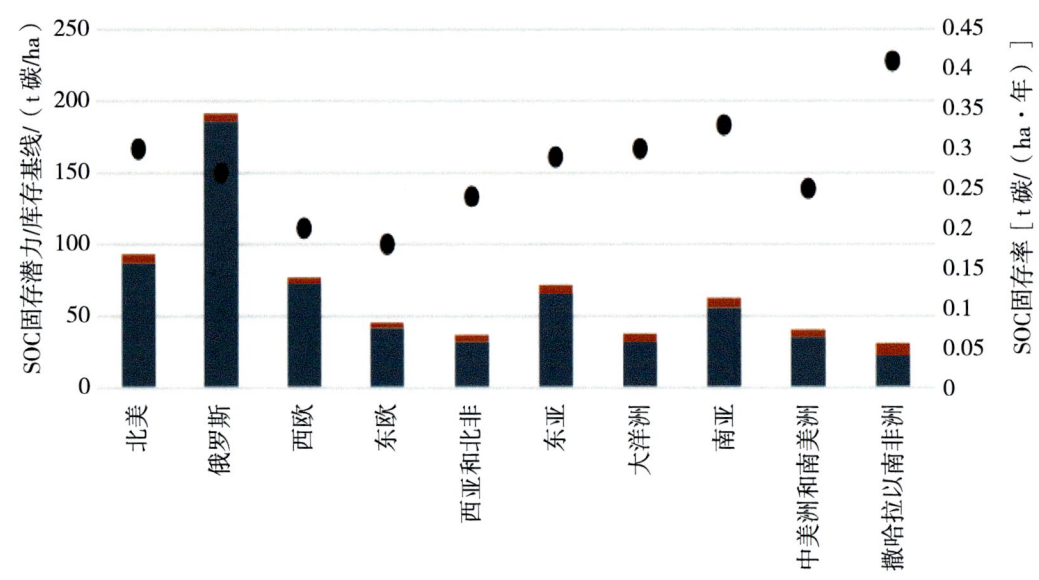

图6　在实施最佳管理实践20年后，所有可利用草地土壤（即包含所有高有机碳或沙质土壤）的土壤有机碳（SOC）固存潜力

注释：给定的区域平均每公顷（柱子）及其年增量结果（点）。

资料来源：UN. 2020. *Map of the World*, modified with data from Sommer, R. & Bossio, D. 2014. Dynamics and climate change mitigation potential of soil organic carbon sequestration. *Journal of Environmental Management*, 144: 83-87. https://doi.org/10.1016/j.jenvman.2014.05.017; Hengl, T., de Jesus, J.M., MacMillan, R.A., Batjes, N.H., Heuvelink, G.B.M., Ribeiro, E., Samuel-Rosa, A., Kempen, B., Leenaars, J.G.B., Walsh, M.G. & Ruiperez Gonzalez, M. 2014. SoilGrids1 km — Global Soil Information Based on Automated Mapping. *PLOS ONE*, 9（8）: e105992. https://doi.org/10.1371/journal.pone.0105992.

的极限边界。因此，即便我们不遗余力地采取最为顶尖的管理措施，也很难显著地推动SOC储量的进一步累积与提升。

在各地理区域之间，每公顷年碳增量呈现出了显著差异（从0.18 t碳/ha至0.41 t碳/ha）（图6）。其中，撒哈拉以南非洲和南亚地区的每公顷年碳增量最高，分别是0.41 t碳/ha和0.33 t碳/ha，其次是大洋洲、北美和东亚地区。西欧和东欧年碳增量最低，分别为0.20 t碳/ha和0.18 t碳/ha，其固碳潜力可以忽略不计（图6）。总体而言，南半球那些碳储量较低的地区具有较高的土壤固碳潜力（地图7）。

3 结果

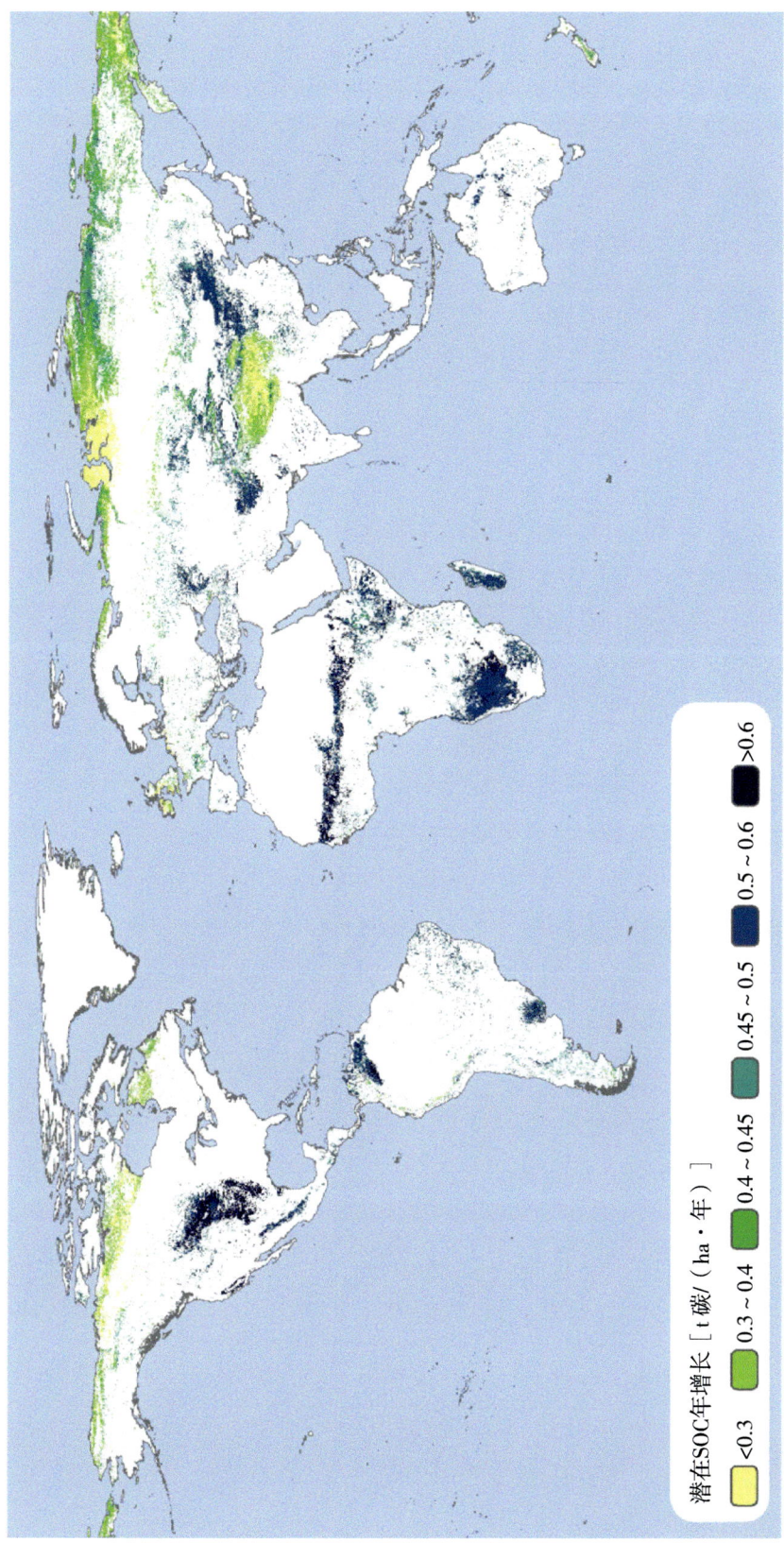

地图7 全球所有可用草地表层（即包含所有高有机碳或沙质土壤）（30 cm）土壤有机碳（SOC）的年增长率

注释：maps were produced based upon a geospatial analysis of datasets from the SoilsGrids250 database.
资料来源：United Nations Geospatial. 2020. *Map of the World*. United Nations. Cited 22 August 2022. Modified with data from Sommer and Bossio, 2014 and Hengl et al., 2014.
本插图系原文插图。

4 讨论

4.1 土壤有机碳储量基线

2010年，全球草地土壤在0～30 cm土层范围内的年碳吸收量大约为63.5 Mt，其中未改良草地SOC储量（33.8 Mt）略高于改良草地（29.8 Mt）。尽管差异较小，但符合预期，这是由于未改良草地受人为管理较少，而改良草地部分土壤碳因人类干扰而释放。本研究显示，2010年全球草地0～30 cm土层SOC平均储量约为每公顷51 t碳（未改良系统为53 t/ha，改良系统为50 t/ha）。在荒漠草地，SOC储量可低至每公顷25 t，而在寒带常绿灌木草地，储量可高达每公顷160 t（Petri et al., 2010; Lorenz and Lal, 2018）。该结果与FAO的研究一致，该组织在干旱气候区发现SOC储量为每公顷25 t或更低，而在寒冷气候区SOC储量超过每公顷80 t（Beck et al., 2018）。Sombroek等（1993）早期研究估计草地土壤在1 m深度内的SOC储量为每公顷124 t，而《土地利用、土地利用变化和林业特别报告》则显示温带草地土壤碳储量在1 m深内约为每公顷236 t（IPCC，2019）。近期一项数据库评估显示，30 cm土层的SOC储量在1～400 t/ha，平均为50 t/ha（Dlamini et al., 2016）。由于该研究主要评估了30 cm深土壤的碳储量，因此，该结果只能与Dlamini等的研究结果进行直接比较。虽然SOC储量的估测范围较大，但平均值范围较为一致，（本研究中SOC储量的平均值为51 t/ha，这与Dlamini等评估的50 t/ha的平均值相近）。实际上，只有少数研究量化了全球草地SOC储量，这些研究表明草地SOC储量在不同气候区域和土壤类型间差异较大。

本研究结果为草地SOC的空间分布提供了新的见解。与湿润、半湿润、热带和半干旱地区相比，温带地区平均温度较低，导致枯落物分解率减缓，因此该区域的SOC储量最高。在湿润气候下，较高的SOC储量也可归因于湿润环境中草地的高生产力。相比之下，干旱到半干旱地区的草地土壤显示出较低的SOC储量，这是由于降水量较低，导致生物量的生产和有机质的分解均降低，进而减少了土壤中碳的输入。实际上，SOC的稳定性不仅依赖于土壤水分和温度，还依赖于一系列土壤性质，如土壤pH值（它能调节土壤养分生物有效性、有机物的转化和一系列土壤过程）（Kemmitt et al.，2006），以及黏粒和粉粒含量（它们通过降低微生物矿化作用来保护土壤有机质）（Six et al.，2002）。

草地0~30 cm土层的SOC储量变化主要受气候变化的影响，其次是土壤碳输入。草地系统土壤碳输入与生物量生产、放牧强度和反刍动物存栏密度密切相关。GLEAM模型在此框架内用于分析全球畜牧业系统的环境表现，该模型通过全面、分类和一致的方法，考虑了畜群结构、动物表现、饲料和粪便管理等关键特征。该模型还结合畜群模型和IPCC（2006）的Tier 2方法来估算碳排放，采用生命周期方法计算家畜从出生到死亡的碳排放量。此外，通过地理信息系统（GIS），GLEAM提供了空间显式分析，并能灵活组合与聚合数据集的结果（MacLeod et al.，2018）。通过GLEAM与RothC模型的"软耦合"（即两个模型是独立运行的，但是其中一个模型结果是作为另外一个模型运行的参数），有可能纳入有关牲畜系统（如氮沉积、动物摄入和分布）对有机碳储量贡献的详细信息，并首次估算了2010年空间尺度上准确的基线情景。本研究结果提供了2010年草地系统SOC储量的估算，并为设计和测试管理策略打下基础，这些策略旨在缓解气候变化的同时确保粮食安全。

4 讨论

众所周知,土壤碳固存作为陆地温室气体去除途径之一,在增强农业生态系统的恢复力、应对气候变化、保障粮食安全和改善营养方面发挥着至关重要的作用。然而,评估这类措施的效果需要在局部尺度上进行,这是由于设计应对气候变化的干预措施时,必须考虑当地的社会经济条件、法规和环境因素。因此,这些研究结果为确定特定地点(如土壤退化严重区域)的最佳干预措施提供了基线,并在量化土壤碳固存效果时建立参考基准。框1和框2提供了两个案例研究,展示该框架在局部尺度上的适用性:框1展示了东非饲料生产园区建立30年后SOC储量的变化情况,框2则评估了巴拉圭牧场集约化的效果。

框1

评估管理实践变化对SOC的影响 东非案例研究

建立饲草生产园区是一种管理实践,其特点在于种植高适口性、高蛋白质含量(20%~25%)的饲草,并多次收割以实现高产。这种做法不仅可以提供薪柴,而且易于建立,并能通过豆科植物的固氮作用来改善土壤质量。

在农林复合系统中,危地马拉朱缨花(*Calliandra calothyrsus*)树种在土壤保护、养分循环和养分保留方面效果显著。危地马拉朱缨花是一种原产于中美洲的具有侵略性的先锋树种,树型较小,高度可达10 m,具有深层根系,通常生长在受干扰地区,如路边、河岸和轮耕地(Palmer、Macqueen and Gutteridge,1994)。该树种自然生长在海拔1 500 m以下的湿润热带地区(Paterson,1994),分布在年降水量700~3 000 mm和年平均温度22~28℃的区域。

由于农场规模有限,研究主要聚焦于将树木纳入现有作物系统,而非单一作物的饲草生产园区。农户倾向于在农场边界和沿等高线种植树篱。

在非洲,超过4万名小规模农户(主要分布在肯尼亚和乌干达)已建立了以Calliandra为主的饲料生产园区,目的是提高牛奶产量、改善奶牛健康以及缩短产犊间隔。

饲料树的种植几乎不需要现金投资,也不占用生产食物或其他作物的土地。唯一的投入是种子和少量劳动力。此外,该方法还能提供自然围栏和土壤侵蚀防护等额外服务(Kabirizi、Mpairwe and Mutetikka,2004)。

4 讨论

尽管这种方法具有提供多样生态功能和社会经济效益的潜力，但其在土壤碳固存方面的效果尚待明确。为此，通过"软耦合"RothC模型和GLEAM模型，研究在混合系统中建立饲料生产园区对SOC的影响。首先使用GLEAM（v2.0）估算常规情景下的氮沉积情况，然后根据东非几个国家（埃塞俄比亚、肯尼亚、乌干达和坦桑尼亚）建立饲料生产园区（干预）后的氮沉积情况进行第二次估算。根据文献，每头成年产奶牛饲料中可加入1 kg的Calliandra干物质。将两种情景下的氮沉积估算输入RothC模型中，预测建立饲料生产园区30年后土壤碳的变化。在这两种情景下，除了动物排泄物输入外，所有模型参数（如气候、土壤pH值、容重和质地）均保持不变。此外，根据FAO（2015a），通过应用17.5的C/N比，氮被转换成碳，作为模型运算的输入。

饲草生产基地建立30年后导致的SOC变化量计算公式如下：

$$\Delta C = SOC_{INT} - SOC_{BAU}$$

式中，ΔC 是 SOC 变化量，SOC_{INT} 是干预情景下的 SOC，SOC_{BAU} 是基准情景下的 SOC。

在东非草地的基线条件下，SOC储量的估算范围为5.3～93.3 t/ha，平均值为40.9 t/ha。此数据与Tessema等（2020）综述中提到的东非国家草地原始SOC储量及其变化范围相一致。在一项数据库分析中，该地区的初始SOC储量平均为43.8 t/ha，草地在不同管理干预后的年固碳潜力达到1.8 t/ha。

RothC模型预测，在混合系统中建立饲草生产园区后，土壤碳的潜在增加量为0.9 t/ha，这相当于每年平均增长约0.03 t/ha。此结果低于Tessema等（2020）所报道的SOC增加潜力。但是，需要指出的是，由于两项研究在预测SOC增加潜力时使用的方法和假设条件不同，它们的结果并不能直接进行比较。

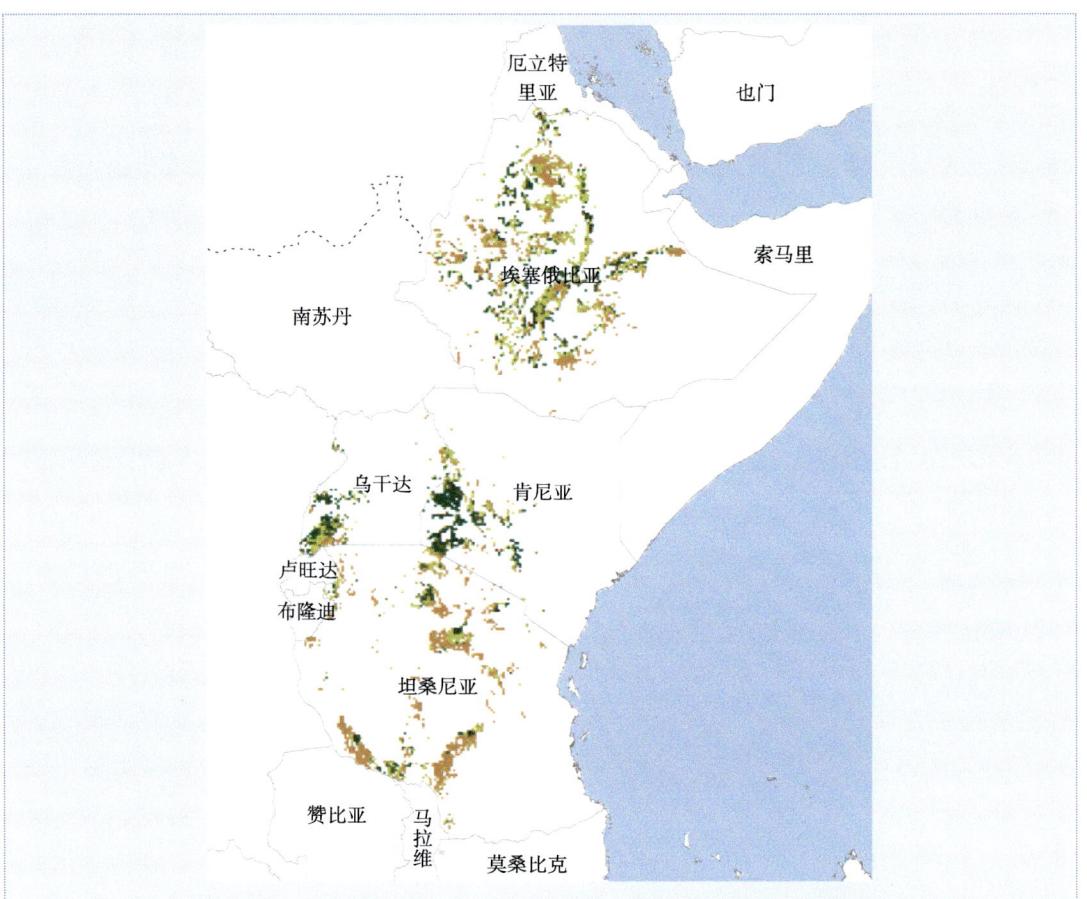

在东非国家的混合系统中，建立饲料生产园区后土壤碳的潜在增加

注释：地图上的虚线表示尚未完全达成一致的边界线，例如，苏丹共和国和南苏丹共和国之间的最终边界尚未确定。阿卜耶伊地区的最终地位尚未确定。

资料来源：United Nations Geospatial. 2020. *Map of the World*. United Nations. Cited 22 August 2022. Modified with data from Coleman and Jenkinson, 1996.

本插图系原文插图。

具体来说，Tessema等（2020）探讨的8种不同管理实践包括封闭管理、改进管理（如轮作、添加粪肥或化肥等）、自由放牧、轻度/重度放牧、围封、恢复措施以及从天然森林向放牧地转变。RothC模型的模拟则关注于建立Calliandra饲料生产园区来提高牛奶产量，其中模拟土壤碳变化的主要驱动因素是动物排泄物的变化，这部分变化是由动物饲料构成的变化引起的，其应用率为50%。基线情景与干预措施之间的碳输入差异较小（数据未展示），但即使动物排泄物对土壤碳输入的影响不大，30年的累积效应也可能提高土壤碳的固存潜力。其他管理实践，如调整放牧强度，可能会更有效地增加SOC储量。值得注意的是，Calliandra可能会成为入侵物种，对中美洲以外的区域造成生态损害，因此在这些区域需要进行更多的研究，以评估这些实践对土壤健康、生产和其他生态系统服务的长期影响。

框2

评估牧场集约化对SOC的影响
巴拉圭案例研究

在过去的几十年，为了满足不断增长的畜产品需求并减轻土地竞争压力，全球放牧草地逐渐转向集约化，但在不同地区存在差异性。在巴拉圭，提升动物生产力已成为国家战略的一部分。但在制定政策时必须考虑环境因素，以确保不会损害土壤健康和其他生态系统服务。因此，深入研究放牧集约化对土壤碳动态的影响至关重要。为了深入探讨这一主题，研究人员结合使用了RothC模型和GLEAM模型。他们首先使用GLEAM模型（v2.0）估算了常规情景下的氮沉积作为基准。随后，在巴拉圭放牧草地集约化生产（干预）情景下进行了第二次估算。与基准情景相比，GLEAM模型输入的调整包括：饲料摄入量增加6.5%，生物量增加10%，每年向土壤施用90 kg/ha的合成氮肥（基准情景中不施用氮肥）。土壤碳的计算基于土壤C/N比17.5（FAO，2015a）和氮沉积估算值，接着输入RothC模型中，用以预测放牧集约化30年后土壤碳的变化。RothC模型在基准情景（BAU）和干预情景（INT）下分别运行了30年。在整个过程中，其他所有模型输入（如气候条件、土壤pH值、容重和质地）保持不变。

放牧集约化30年后土壤有机碳（SOC）的变化量计算如下：

$$\Delta C = SOC_{INT} - SOC_{BAU}$$

式中，ΔC是SOC变化量，SOC_{INT}是干预情景下的SOC，SOC_{BAU}是基准情景下的SOC。

RothC模型的估算结果显示，在巴拉圭实施30年放牧集约化之后，平均SOC潜力增加了27 t/ha，换算成年均累积量约为0.9 t/ha。然而，这种SOC变化在全国不同地区间呈现出显著的差异，东北部地区积累量最高，可达150 t/ha。与此相反，在北部和西北部，SOC出现了显著下降，最大损失约50 t/ha。SOC的累积增加主要归因于植物和动物向土壤输入碳的总量增加，在这些区域，施用合成氮肥并未抑制SOC的增长。该现象可能发生在动物密度较低或者动物排泄物未能有效还田的地带。

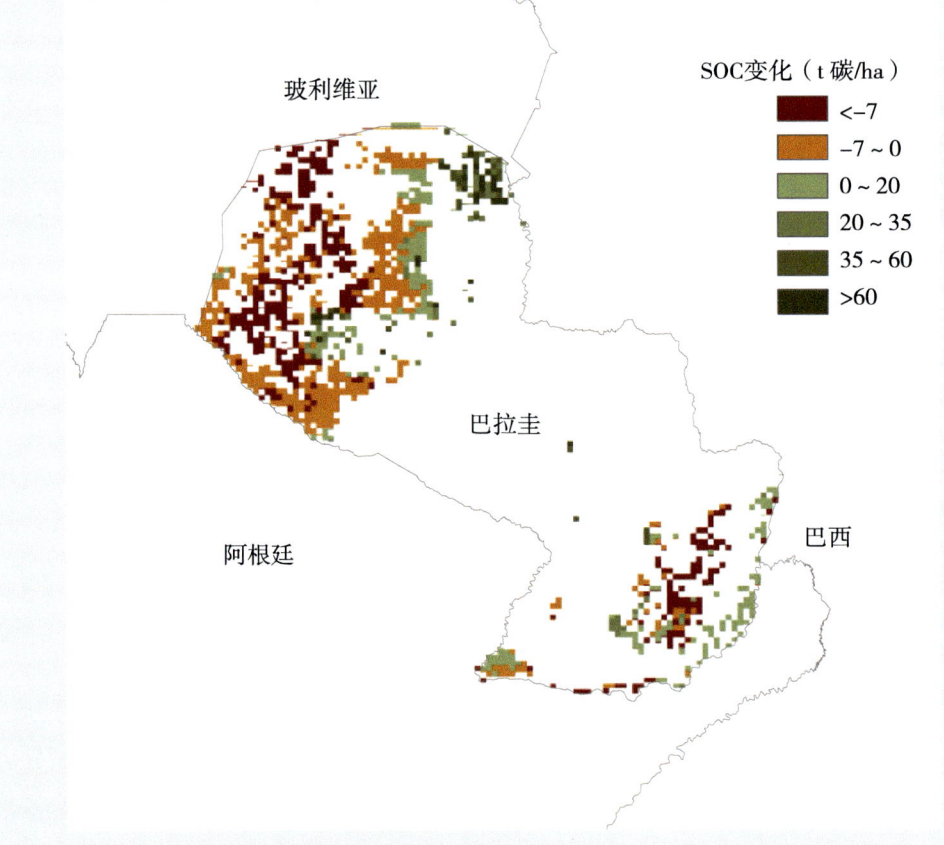

经历30年的牧场集约化管理，土壤潜在有机碳（SOC）变化（t碳/ha）

资料来源：United Nations Geospatial. 2020. *Map of the World*. United Nations. Cited 22 August 2022. Modified with data from Coleman and Jenkinson，1996.

本插图系原文插图。

4 讨论

> 多年生草地SOC储量的增加主要依赖于植物根系和残留物碳输入的增加。根据Conant等（2017）的研究，通过放牧管理和改进牧草品种、灌溉及施肥等措施，可以提高SOC储量约10%。本研究中，相较于基准情景，通过增加施肥、产草量和动物饲料，实现了SOC年均增长0.9 t/ha，相当于SOC储量增加了7%。但这种增长只有在土壤初始状况、氮平衡和动物密度适宜时才能实现，否则会导致碳的损失。土壤碳是碳平衡系统中的一个重要组成部分，而通过增加施肥量、产草量和动物饲料所实现的放牧集约化，对CH_4排放和其他温室气体（GHG）排放具有显著影响。因此，为了全面评估集约化生产对环境的整体影响，必须包括对放牧集约化后CH_4排放变化的评估。

本研究的SOC储量估算框架和方法严格遵循了LEAP指南所描述的SOC评估办法和FAO的GSOC-MRV协议。这些指南和协议专门为农业景观中的SOC测量、监测、报告及验证而设计（FAO，2020b）。然而，为了便于在全球范围内应用，本框架对这些指导原则进行了适当的概括和简化。需要注意的是，在区域或全球层面上，涉及土壤、气候和碳输入的数据集均有不确定性。这些不确定性在使用本框架和SOC储量估算进行缓解策略分析时至关重要。有关模型不确定性的详细信息，将在第4.4节中提供详细说明。

4.2 土壤有机碳平衡

在构建模型时，可运用多种方法对土壤碳输入进行估算，如逆向建模和专家主导的分配函数。由于方法和情境的多样性，估算结果呈现广泛的偏差（Martin et al.，2021）。本研究采用两种估算碳输入的方法：一种是采用GLEAM模型中的IPCC Tier 2方法量化实际进入土壤的碳量；另一种是通过逆向建模方法来确定维持现有SOC储量所需的碳输入量。总体而言，估算的草地碳输入水平与其他文献使用RothC模型得出的估算基本一致，碳输入范围在每年1.18~5.2 t/ha（Xu，Liu and Kiely，2011；Meersman et al.，2013）。

当使用逆向建模方法估算时，这些碳输入水平的计算结果来自观测的SOC储量以及SOC矿化率与输入有机物（即植物残留物和有机改良物）质量之间的相互作用。未改良草地维持当前SOC储量所需的碳输入量低于改良草地，这可能是因为未改良草地主要位于高海拔地区，与其他温暖地区相比，由于温度较低，土壤有机物矿化率较低；另外，逆向建模方法还考虑了植物残体的质量。Martin等（2021）应用了相似的方法，在法国的草地土壤中也得出了一致的结果。

FAO关于全球土地和水资源状况的综合报告（FAO，2021）显示，大约13%的草地因人为过度干扰而退化，这主要是由于农业扩张、森林砍伐、火灾范围和频率的增加、放牧压力、人口增长，以及入侵物种对本土物种的比例上升等因素导致的。另外，34%的全球草地的生物物理状况有所下降，处于退化状态。SOC减少是土地退化的关键因素之一，但其他因素如水土流失、风蚀、水资源压力、本土物种多样性和地上生物量也显著影响土地的整体生物物理状况。值得注意的是，54%的草地被认为处于稳定状态（FAO，2021）。全球草地碳状况的估算显示，草地生态系统总体接近平衡状态，改良草地的年均碳输入为1.09 t/ha，未改良草地为1.27 t/ha。在土地稳定或生物物理条件改善的地区，如美国、哈萨克斯坦和蒙古国的草地，观察到了正的碳平衡（C_{bal}）值。这些区域的草地受人为干扰较少（FAO，2021）。而在东亚、中南美洲和赤道以南的非洲，发现了最高的负C_{bal}值，表明这些地区的SOC储量可能在当前人为干扰和气候条件下减少（图4）。这与最新的全球土地和水资源状况综合报告一致，这两份报告均将这些区域列为受土壤退化影响严重的区域（FAO，2021）。大多数面临人为干扰导致土地退化的草地，还面临着淡水供应减少的风险。在南美和撒哈拉以南的非洲，土地生产力下降和土壤保护不足导致其生态服务下降。在亚洲，水资源压力的增加导致草地面临退化加剧的风险。撒哈拉以南的非洲草地还经常遭受频繁和强烈的火灾（FAO，2021）。

值得一提的是，目前尚无全球范围内的实测数据可供参考。此外，气候、土壤和管理方式的多样性可能对不同地区的土壤碳动态产生关键影响。草地系统中碳输入的变化正验证这一点（图3）。

4.3 草地土壤碳固存潜力

全球草地SOC增加的潜力相较于进行密集管理的耕地较低（Smith et al.，2008）。通过优化管理措施，草地短期内可固存大量碳，有助于全球气候减缓和退化土地的恢复。为应对全球气候变化，4‰（4p1 000）倡议设定了每年固碳3.5 Gt的目标。FAO的估算结果表明，通过改进管理方式，如施用有机肥料、农林复合经营或轮牧等，可增加草地土壤表层30 cm的碳储量，达成4‰倡议目标的17%（FAO，2023）。需强调的是，使用经验方法估算了管理改进后SOC增长的百分比，但具体管理实践尚未经过试验验证。在东非（框1）和巴拉圭（框2）的两个案例中，研究人员尝试通过RothC模型进行实践验证，但仍需进一步研究以全面理解各项管理措施在全球范围内的影响。

在全球层面对土壤碳固存潜力进行评估至关重要。Petri等（2010）利用人口数据与GIS技术，计算了人均碳固存潜力，并评估了土地管理者在考虑生计的同时，参与提高草地碳储量计划的意愿。他们通过综合考虑固碳因子、草地类型、管理状态和气候条件，计算了20年后的SOC固存潜力。他们的结果依赖于不同数据来源的气候和草地类型，使跨大洲的估算变得比较困难。Petri等（2010）的研究结果表明，全球草地SOC固存潜力变化值估算约为1.5 t/（ha·年），这比FAO（2023）的估算高出约0.29 t/ha。这一差异主要是由于Petri等（2010）采用了较高的固碳因子。FAO（2023）的研究使用了全球SOC增加的百分比，因此得出的SOC固存潜力较低。此外，两项研究在草地土壤的空间分布方面也存在差异。Petri等（2010）在计算SOC固存潜力时未考虑较高有机质土壤和沙质土壤，导致研究区域减少，使估算的SOC固存潜力低于其他数据。最新的全球SOC固存潜力分布图（GSOCseq）（FAO，2022）显示，在可持续管理情景下，草地SOC平均固存率为每年0.19 t/ha，这意味着未来20年间碳输入将增长20%。

对SOC固存潜力及其空间分布的评估应考虑初始土壤条件，如土壤容重和质地。然而，评估过程中往往未充分涉及气候差异和关键土壤过程，例如碳输入和周转率。目前缺乏专门预测草地土壤碳固存潜力的模型。尽管如此，RothC模型已被应用于评估土壤对未来气候和土地利用变化的反应。Morais，Teixeira和Domingos（2019）的研究评估了全球80种主要土地利用类型的SOC动态，覆盖耕地、森林和草地。草地碳固存潜力的评估存在较大不确定性，这一领域依然充满挑战。

本研究通过简易统计方法估算草地SOC的固存率，识别具有较高固碳潜力的区域。这种方法为资源有限的国家提供了一个实施管理措施的总体框架，使其能够进行有效的土地管理实践。

4.4 关于土壤有机碳储量基线的不确定性来源

统计分析显示，RothC模型估算的SOC储量与气候条件（如温度和潜在蒸发量）密切相关。这一结果并不意外，因为气象条件直接影响土壤过程，如矿化速率，同时间接影响土壤中有机物的输入（主要是植物残留物）。此外，模拟结果显示土壤碳与碳输入呈正相关（图7）。这与预期相符，因为植物残留物和粪肥是土壤主要的外部碳源，而这些碳的保存取决于土壤的黏粒含量和气候条件。

研究分析了3个主要输入变量对SOC储量基线的影响。这些变量包括初始SOC储量、碳输入和气温，它们与模拟的SOC储量值高度相关。如表2所示，计算了四种情景下的SOC相对变化百分比。结果表明，碳输入的变化可导致SOC储量基线波动±30%，而初始SOC储量变化的影响约±20%。气温升高对SOC储量基线产生负面影响，高达23.2%，而气温降低则产生正面影响，高达41.5%。

4 讨论

表2 在RothC土壤碳模型中，模型结果（SOC储量）对主要变量变化的敏感性分析

变量	可能变化情景	相对变化
碳输入	初始碳输入-50%	-28.8%
	初始碳输入-20%	-11.5%
	初始碳输入+20%	14.4%
	初始碳输入+50%	28.8%
初始SOC储量	初始SOC储量-50%	-21.2%
	初始SOC储量-20%	-8.5%
	初始SOC储量+20%	10.6%
	初始SOC储量+50%	21.3%
气温	初始温度+2℃	-18.1%
	初始温度+1℃	-23.2%
	初始温度-1℃	34.9%
	初始温度-2℃	41.5%

研究表明，碳输入的变异是导致SOC储量基线不确定性的主要因素。植物残留物的输入根据干物质产量估算得出（Haberl et al., 2007），而动物排泄物输入则根据GLEAM 2.0模型模拟的沉积氮得出。这些估算存在一定的不确定性，地上干物质是基于净初级生产力（NPP）估算，而NPP可以通过多种方法估算，如光能利用效率、植物生长模型、卫星遥感数据。为了降低土壤碳输入不确定性对SOC储量估算的影响，生成本地数据集和探讨新的和现有的NPP数据集至关重要，这样可以显著提高植物残体估算的准确度。对土地利用的定义和分布的差异也导致植物残留物碳输入估算存在不确定性。

动物排泄物输入土壤中的碳是通过结合C/N比和沉积氮来估算（参照FAO，2015a）。本研究中使用的全球平均C/N比可能会与地区数据有所不同。尽管RothC模型对动物排泄物质量的敏感性较低（1.1%~3%）（Jebari et al., 2020），但其对SOC结果仍有影响。这一变量是根据

GLEAM模型估计的沉积氮得出，遵循了IPCC（2006）的Tier 2方法。土地利用地图和定义的多样性可影响氮指标的量化，此外草地的定义和分布也加剧了模型结果的不确定性（Kaltenegger et al.，2021）。总之，准确估算土壤碳输入对模拟土壤过程至关重要，碳输入是导致土壤碳储量估算不确定性的主要因素（Hashimoto，Wattenbach and Smith，2011；Neumann et al.，2015；Martin et al.，2021）。

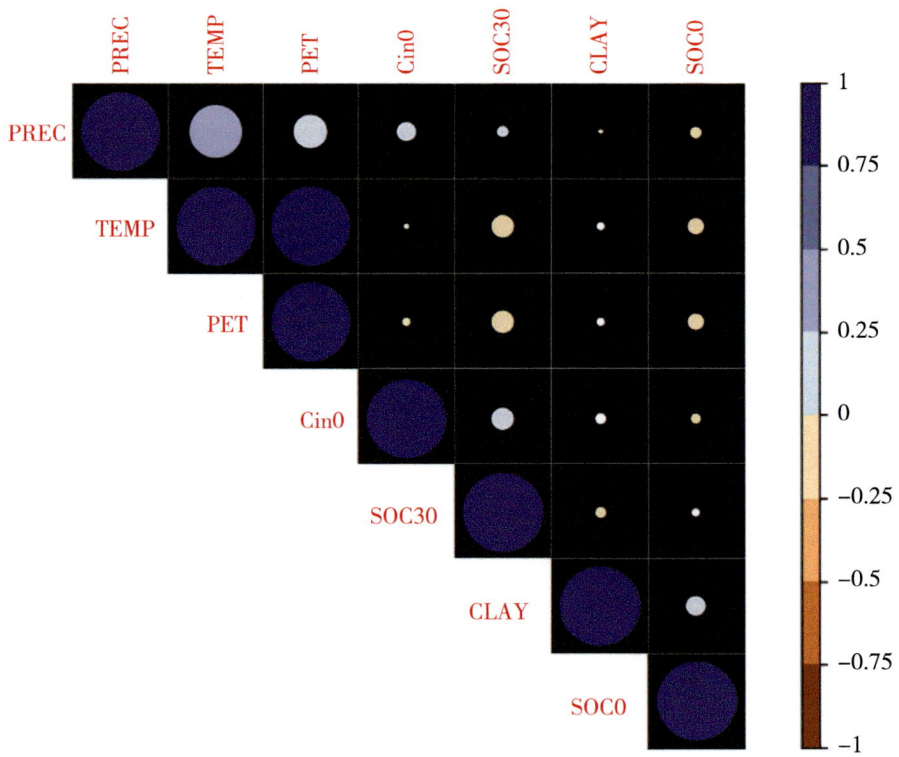

图7　驱动RothC模型的主要变量的相关矩阵

注释：SOC0=初始SOC，SOC30=模型模拟30年后的碳基线（SOC基线），PET=潜在蒸发量，TEMP=温度，PREC=降水，Cin0=土壤有机碳输入。

资料来源：UN. 2020. *Map of the World*, modified with data from Sommer, R. & Bossio, D. 2014. Dynamics and climate change mitigation potential of soil organic carbon sequestration. Journal of Environmental Management，144：83-87. Hengl, T., de Jesus, J.M., MacMillan, R.A., Batjes, N.H., Heuvelink, G.B.M., Ribeiro, E., Samuel-Rosa, A., Kempen, B., Leenaars, J.G.B., Walsh, M.G. & Ruiperez Gonzalez, M. 2014. SoilGrids1 km — Global soil information based on automated mapping. PLoS ONE，9（8）：e105992.

4 讨论

众所周知，土壤理化性质分布地图存在很大的不确定性，这是由于制图所需的土壤数据相对有限，导致统计模型的准确性受到影响。在分析模型输入变量的敏感性时发现，初始化模型的SOC储量显著影响模拟结果。Tifafi，Guenet和Hatte（2018）比较了三个土壤数据集，即本研究中使用的SoilGrid（Hengl et al.，2014）、HWSD（FAO，IIASA，ISRIC，ISS-CAS JRC，2012）和Northern Circumpolar Soil Carbon Database（Hugelius et al.，2013），以量化数据集之间的土壤理化性质差异，并使用美国、英格兰、威尔士和法国的土壤数据进行评估，与实际测定值进行比较。研究结果显示，不同模型对全球SOC储量的预测存在显著差异，这一现象在寒冷地区尤为明显。这些差异主要源于该地区SOC浓度的显著变化。

其他地区的SOC储量差异主要与土壤容重的估算差异有关。将这三个数据集与实地数据进行比较发现时，SOC储量的空间模式存在显著差异，其中SOC储量较田间数据低40%以上。将HWSD和SoilGrid地图与全球首张SOC地图GSOCmap进行了比较（FAO and ITPS，2018）。结果显示，GSOCmap与HWSD之间的一致性高于与SoilGrids的一致性，GSOCmap到SoilGrids的变化倾向于正面，意味着后者可能高估了碳库（FAO and ITPS，2018）。全球土壤碳储量存在较大的不确定性，迫切需要改进统计方法减少这种不确定性对土壤模型的影响。土壤和土地利用分布数据集在不同时间尺度生成，彼此之间缺乏关联，可能导致初始SOC储量的估算不能真实反映当前土地利用类型下的储量。

在使用本工作结果评估当前土壤中的碳状况及其在草地系统中的潜在固碳能力时，应该认真考虑全球初始SOC储量及其在不同土地利用类型中的分布和分配的不确定性，还有模型不确定性。

5 结论与展望

土壤通过碳固存可以为实现联合国可持续发展目标（SDGs）做出贡献。通过增强土壤健康和肥力，土壤在气候行动（目标13.2）、实现土地退化零增长（目标15.3）和缓解饥饿（目标2.1和目标2.4）中起到关键作用。尽管可以通过技术实现土壤碳固存，但在任何特定地点和特定生产系统内均实现这一潜力，往往存在重大限制。

本研究提供了草地土壤状况的空间详述报告，同时也估算了2010年SOC储量。2010年，全球草地0～30 cm土层SOC储量平均约为51 t碳/ha，且改良草地（53 t碳/ha）和未改良草地（50 t碳/ha）之间差异较小。本报告中SOC储量值可以作为未来研究国家和农场层面的畜牧管理对土壤碳影响的基线。但是，仍然非常需要增加关于当前土壤状况的其他数据，特别是来自非代表性地区的数据。目前，采用了全球土壤伙伴关系（Global Soil Partnership，GSP）机制中推荐的农业景观SOC测量、监测、报告和验证方法（FAO，2020b），开发草地SOC储量基线。其中，框1和框2给出了国家层面上SOC储量估算的实际应用示例，包括具体的改善管理措施。然而，最近通过对184个国家的初步NDCs审查发现，仅有28个国家在其NDCs中提到了SOC（Wiese et al.，2021）。其中，部分国家未在NDCs中纳入SOC的原因包括：可持续发展和粮食安全是这些国家优先考虑的目标，而非减缓气候变化；国家缺乏激励农民改善管理实践的相关措施；难以精准监测SOC的变化。因此，本研究结果支持将SOC提升目标纳入NDCs，从而提高NDCs的全面性和透明度，进而达到追踪和比较政策进展的目的。

目前，大多数草地有机物的输入足以维持当前土壤碳储量。然而，与未改良草地［1.3 t碳/（ha·年）］相比，改良草地［2.1 t碳/（ha·年）］需要更高碳输入以维持当前SOC储量。全球改良和未改良生态系统均发现了土壤正碳平衡，表明SOC储量可能增加。尽管全球草地都表现出土壤正碳平衡，但由于这些估算的空间异质性大，国家层面的土壤状况估算可能与全球大不相同。研究表明，54%的草地处于稳定状态（FAO，2021），我们对全球草地的估算结果支持这一发现，表现为在状况稳定或采取了生物物理条件改良的土壤中存在正碳平衡。相反，由于人为和气候条件的双重压力，东亚、中南美洲和赤道以南的非洲表现出负碳平衡，这意味着这些地区的SOC储量可能在减少。这些分析结果表明，部分草地土壤具有较大碳汇潜力。因此，对于草地生态系统，建议在负碳平衡的退化土壤中优先考虑碳返还，并保护SOC储量较高的区域（特别是未改良草地）。退化草地恢复可以促进退化土地的"再碳化"，本研究结果强调了需要对草地进行合理的管理以长期保持或增加热点区域的SOC。

5　结论与展望

通过本研究的经验方法，结合采用具有提升SOC固存或稳定现有高储量的管理策略，估算了现有草地土壤碳汇潜力。草地每年可以在0～30 cm土层中固存0.3 t碳/ha，这为全球碳减排做出了重要贡献。此外，优化管理举措能够实现短期内固定大量碳的目标，助力全球碳减排。4‰倡议确定了每年3.5 Pg碳的理想固存目标，旨在实现实质性的全球碳减排。我们估算，如果采用草地SOC促进管理措施（如结合动物粪便、农林业和轮牧），草地30 cm土壤碳储量的增加将可以实现这一目标的17%，并能维持至少20年。为了达到该要求，草地每年至少固存0.18～0.41 t碳，但我们的估算并未考虑气候差异和关键土壤过程，特别是养分和水的限制、生物量生产和周转率。然而，通过增加草地土壤碳组分来固存碳是一种可以实现的、潜在的有效途径，可以在短期内快速增加CO_2的固存。尽管从技术上确有在土壤中实现碳固存的巨大潜力，但在特定地点和具体农业系统中这一潜力的实现往往存在显著限制。此外，这还可能关乎到与生产力、粮食安全、水文平衡和其他温室气体（如N_2O）排放之间的权衡。

一个完整的系统分析需要估算温室气体排放和SOC固存，否则会导致系统平衡独立成分分析中出现误导性信息。本研究提出的方法通过耦合RothC土壤碳库模型和GLEAM LCA评价模型，才能合理地评估SOC储量。具体而言，GLEAM模型提供了驱动土壤模型的输入变量。未来的工作目标应在整个LCA研究中纳入土壤碳估算。主要的挑战是开发一种方法，将有机碳储量分配给不同的牲畜单位，并考虑土壤中碳的时间动态。此外，在GLEAM模型中增加土壤碳固存单元将有助于对家畜系统进行准确的LCA评估，并通过畜牧业制定有针对性的减缓气候变化和保障粮食安全的国家政策。

潜在用户应考虑基础数据集的不确定性和用于生成SOC估算方法的局限性。在这种情况下，未来技术工作应侧重于检验不同数据源对SOC估算的影响，特别是新发布的土壤碳图，如全球土壤有机碳图（FAO and ITPS，2018）和空间数据基础结构（全球土壤信息系统，GLOSIS），可用于完善全球SOC储量估算。GLEAM即将更新的2015年畜牧生命周期评价也将是获得土壤有机物输入最新信息的有用工具，这些信息可作为土壤模型的驱动因素。总体而言，使用所有碳输入的可替代来源估算SOC储量，将有助于量化模型中的不确定性并观察SOC储量随时间的变化。

本研究结果提供了全球草地土壤碳状况和碳汇潜力的概览。目前，已有研究仅分析了30 cm土层的SOC储量及其变化，然而，SOC也可以固存在更深的土层中，未来工作应致力于细化当前估算方法，并开发新方法来预测深层的SOC储量及其动态。此外，还需要更多关于当前土壤状况、管理措施对土壤SOC储量和温室气体排放影响的数据，特别是来自非代表性地区的数据（Merbold et al.，2021）。本地专家和机构的参与将是模型改进和知识交流的重要步骤，在这方面，GSP机制最近发布了首个由国家主导的全球SOC固存潜力（GSOCseq）地图（FAO，2022），该地图是基于FAO成员国任命的国际专家提交的意见开发的。采用自下而上的方法建立了可靠、透明和有效的机制，以监测、报告和验证农业系统的SOC储量变化。使用了基于RothC模型的方法，且在不断扩展、改进和更新，以便更好地刻画局部SOC动态。FAO LEAP和GSP伙伴关系正在积极合作，通过细化草地的定义（例如，包括改良草地和未改良草地）以及目前在GSOCseq地图中使用的可持续土壤管理情景，进而改进GSOCseq地图和方法，以更好地描绘草地土壤碳动态。

本研究提出了量化草地土壤状况的第一步，同时也确定了一些有可能通过SOC固存来增加有机碳储量的最佳区域。这有利于对畜牧业系统生命周期进行准确评估，并针对性地制定由畜牧业驱动的国家政策，最终实现减缓气候变化和保障粮食安全的目标。

参考文献

Abdalla M, Hastings A, Chadwick D R, et al., 2018. Critical review of the impacts of grazing intensity on soil organic carbon storage and other soil quality indicators in extensively managed grasslands. *Agriculture, Ecosystems & Environment*, 253: 62-81. Cited 21 October 2021. https://doi.org/10.1016/j. agee.2017.10.023.

Aalde H, Gonzalez P, Gytarsky M, et al., 2006. Generic methodologies applicable to multiple land-use categories. Volume 4, Chapter 2. In: Eggleston H.S., Buendia L., Miwa K., Ngara T. and Tanabe K. *2006 IPCC Guidelines for National Greenhouse Gas Inventories*, Prepared by the National Greenhouse Gas Inventories Programme(eds). Published: IGES, Japan. Cited 21 July 2021. www.ipcc-nggip.iges.or.jp/public/2006gl/pdf/4_Volume4/V4_02_Ch2_Generic.pdf.

Beck H, Zimmermann N, McVicar T, et al., 2018. Present and future Köppen-Geiger climate classification maps at 1-km resolution. *Scientific Data*, 5: 180214. Cited 11 May 2022. https://doi.org/10.1038/sdata.2018.214.

Boden T A, Marland G & Andres R J, 2017. *Global, regional, and national fossil-fuel CO_2 emissions*. Carbon Dioxide Information Analysis Center, Oak Ridge National Laboratory, U.S. Department of Energy, Oak Ridge, Tenn., U.S.A. Cited 21 July 2021. https://doi.org/10.3334/ CDIAC/00001_V2017.

Chang J, Ciais P, Viovy N, et al., 2015. The greenhouse gas balance of European grasslands. *Global Change Biology*, 21(10): 3748-3761. Cited 21 July 2021. https://doi.org/10.1111/gcb.12998.

Coleman K & Jenkinson D S, 1996. RothC-26.3 - A Model for the turnover of carbon in soil. In: Powlson, D.S., Smith, P., Smith, J.U., eds. *Evaluation of Soil Organic Matter Models*. NATO ASI Series, 38: 237-246. Springer, Berlin, Heidelberg. https://doi.org/10.1007/978-3- 642-61094-3_17.

Conant R T, Cerri C E P, Osborne B B, et al., 2017. Grassland management impacts on soil carbon stocks: a new synthesis. *Ecological Applications*, 27(2): 662-668. Cited 21 July 2021. https://doi.org/10.1002/eap.1473.

Davidson E A & Janssens I A, 2006. Temperature sensitivity of soil carbon decomposition and feedbacks to climate change. *Nature*, 440(7081): 165-173. Cited 21 July 2021. https://doi.org/10.1038/nature04514.

Diels J, Vanlauwe B, Van der Meersch M K, et al., 2004. Longterm soil organic carbon dynamics in a subhumid tropical climate: ^{13}C data in mixed C_3/C_4 cropping and modeling with ROTHC. *Soil Biology and Biochemistry*, 36(11): 1739-1750. Cited 21 October 2021. https://doi.org/10.1016/j.soilbio.2004.04.031.

Dlamini P, Chivenge P & Chaplot V, 2016. Overgrazing decreases soil organic carbon stocks the most under dry climates and low soil pH: A meta-analysis shows. *Agriculture, Ecosystem & Environment*, 221: 258-269. Cited 21 July 2021. https://doi.org/10.1016/j.agee.2016.01.026.

Erb K H, Kastner T, Plutzar C, et al., 2018. Unexpectedly large impact of forest management and grazing on global vegetation biomass. *Nature*, 553: 73-76. Cited 21 July 2021. https://doi.org/10.1038/nature25138.

ESA, 2017. *Land Cover CCI Product User Guide Version 2*. Tech. Rep. Cited 21 July, 2021 https://maps.elie.ucl.ac.be/CCI/viewer/download/ESACCI-LC-Ph2-PUGv2_2.0.pdf.

FAO, 2014. *Global Land Cover Share(GLC-SHARE)Beta-Release 1.0 Database*. Rome, FAO. www.fao.org/uploads/media/glc-share-doc.pdf.

FAO, 2015a. *Farmer's compost handbook. Experiences in Latin America.* Santiago, FAO. www.fao.org/3/I3388E/i3388e.pdf.

FAO, 2015b. *Source of administrative boundaries: The Global Administrative Unit Layers(GAUL)dataset.* Implemented by FAO within the CountrySTAT and Agricultural Market Information System(AMIS)projects. Rome. Cited 21 July 2021. https://data.apps.fao.org/map/catalog/srv/eng/catalog.search#/metadata/9c35ba10-5649-41c8-bdfc-eb78e9e65654.

FAO, 2019. *Measuring and modelling soil carbon stocks and stock changes in livestock production systems: Guidelines for assessment(Version 1)*. Livestock Environmental Assessment and Performance(LEAP)Partnership. Rome, FAO. www.fao.org/3/ca2934en/CA2934EN.pdf.

参考文献

FAO, 2020a. *The Global Livestock Environmental Assessment Model-GLEAM.* Rome, FAO. Cited 21 July 2021. www.fao.org/gleam/en/.

FAO, 2020b. *A protocol for measurement, monitoring, reporting and verification of soil organic carbon in agricultural landscapes-GSOC-MRV Protocol.* Rome, FAO. https://doi.org/10.4060/cb0509en.

FAO, 2021. *The state of the world's land and water resources for food and agriculture-Systems at breaking point.* Synthesis report 2021. Rome, FAO. Cited 27 July 2022. https://doi.org/10.4060/cb7654en.

FAO, 2022. *Global Soil Organic Carbon Sequestration Potential Map-SOCseq v.1.1.* Technical report. Rome. https://doi.org/10.4060/cb9002en.

FAO, IIASA, ISRIC, ISS-CAS & JRC. 2012. *Harmonized World Soil Database.* Rome, FAO. 43 pp. www.fao.org/3/aq361e/aq361e.pdf.

FAO & ITPS. 2018. *Global Soil Organic Carbon Map(GSOCmap).* Technical Report. Rome, FAO. www.fao.org/3/I8891EN/i8891en.pdf.

FAOSTAT, 2016. *FAOSTAT Database.* Rome, FAO. Cited 27 July 2022. www.fao.org/faostat/en/#home.

Falloon P, Smith P, Coleman K, et al., 1998. Estimating the size of the inert organic matter pool from total soil organic carbon content for use in the Rothamsted carbon model. *Soil Biology and Biochemistry*, 30(8–9): 1207–1211. Cited 21 July 2021. https://doi.org/10.1016/S0038-0717(97)00256-3.

Garnett T, Godde C, Muller A, et al., 2017. *Grazed and Confused? Ruminating on cattle, grazing systems, methane, nitrous oxide, the soil carbon sequestration question-and what it all means for greenhouse gas emissions.* FCRN, University of Oxford, England. Cited 5 May 2022. www.oxfordmartin.ox.ac.uk/downloads/reports/fcrn_gnc_report.pdf.

Gottschalk P, Smith J U, Wattenbach M, et al., 2012. How will organic carbon stocks in mineral soils evolve under future climate? Global projections using RothC for a range of climate change scenarios. *Biogeosciences*, 9(8): 3151–3171. Cited 21 July 2021. https://doi.org/10.5194/bg-9-3151-2012.

Grigal D F & Berguson W E, 1998. Soil carbon changes associated with short-rotation systems. *Biomass and Bioenergy*, 14(4): 371–377. Cited 21 July 2021. https://doi.

org/10.1016/ S0961-9534(97)10073-3.

Haberl H, Erb K H, Krausmann F, et al., 2007. Quantifying and mapping the human appropriation of net primary production in earth's terrestrial ecosystems. *Proceedings of the National Academy of Sciences*, 104(31): 12942-12947. Cited 21 July 2021. https://doi.org/10.1073/pnas.0704243104.

Hashimoto S, Wattenbach M & Smith P, 2011. Litter carbon inputs to the mineral soil of Japanese Brown forest soils: comparing estimates from the RothC model with estimates from MODIS. *Journal of Forest Research*, 16(1): 16-25. Cited 21 September 2021. https://doi.org/10.1007/s10310-010-0209-6.

Henderson B, Gerber P J, Hilinski T E, et al., 2015. Greenhouse gas mitigation potential of the world's grazing lands: Modeling soil carbon and nitrogen fluxes of mitigation practices. *Agriculture, Ecosystems & Environment*, 207: 91-100. Cited 21 July 2021. https://doi.org/10.1016/j.agee.2015.03.029.

Hengl T, de Jesus J M, MacMillan R A, et al., 2014. SoilGrids1km — Global soil information based on automated mapping. *PLoS ONE*, 9(8): e105992. Cited 21 September 2021. https://doi.org/10.1371/journal.pone.0105992.

Hergoualc'h K, Akiyama H, Bernoux M, et al., 2019. N_2O Emissions from Managed Soils, and CO_2 Emissions from Lime and Urea Application. Volume 4 Chapter 11. In: Calvo Buendia, E., Tanabe, K., Kranjc, A., Baasansuren, J., Fukuda, M., Ngarize S, Osako A, Pyrozhenko Y, et al., 2019 *Refinement to the 2006 IPCC Guidelines for National Greenhouse Gas Inventories*(eds). Published: IPCC, Switzerland. www.ipcc-nggip.iges.or.jp/public/2019rf/pdf/4_Volume4/19R_V4_Ch11_Soils_N2O_CO2.pdf.

Hugelius G, Bockheim J G, Camill P, et al., 2013. A new data set for estimating organic carbon storage to 3 m depth in soils of the northern circumpolar permafrost region. *Earth System Science Data*, 5: 393-402. Cited 21 September 2021. https://doi.org/10.5194/essd-5-393-2013.

IIASA & FAO, 2012. *Global Agro-ecological Zones(GAEZ v3.0)*. IIASA, Laxenburg, Austria and FAO, Rome, Italy. Cited 21 September 2021. www.gaez.iiasa.ac.at/docs/GAEZ_Model_ Documentation.pdf.

IPCC, 2019. *Climate change and land: an IPCC special report on climate change, desertification, land degradation, sustainable land management, food security, and greenhouse gas fluxes in terrestrial ecosystems* [P.R. Shukla, J. Skea, E. Calvo Buendia, V. Masson-Delmotte, H.- O. Pörtner, D. C. Roberts, P. Zhai, R. Slade, S. Connors, R. van Diemen, M. Ferrat, E. Haughey, S. Luz, S. Neogi, M. Pathak, J. Petzold, J. Portugal Pereira, P. Vyas, E. Huntley, K. Kissick, M.

Belkacemi, J. Malley(eds.)]. In press.

Jebari A, Álvaro-Fuentes J, Pardo G, et al., 2020. *Simulating soil organic C dynamics in managed grasslands under humid temperate climatic conditions*, SOIL Discuss [preprint]. Cited 21 July 2021. https://doi.org/10.5194/soil-2020-76.

Kabirizi J, Mpairwe D & Mutetikka D, 2004. Testing forage legume technologies with smallholder dairy farmers: a case study of Masaka district, Uganda. *Uganda Journal of Agricultural Sciences*, 9: 906–913. Cited 21 September 2021. www.ajol.info/index.php/ujas/article/view/135688.

Kaltenegger, K, Erb, Kl-H, Matej, S. & Winiwarter, W. 2021. Gridded soil surface nitrogen surplus on grazing and agricultural land: Impact of land use maps. *Environmental Research Communications*, 3(5): 055003. Cited 21 September 2021. https://doi.org/10.1088/2515-7620/abedd8.

Kemmitt S J, Wright D, Goulding K W T, et al., 2006. pH regulation of carbon and nitrogen dynamics in two agricultural soils. *Soil Biology and Biochemistry*, 38(5): 898–911. Cited 21 September 2021. https://doi.org/10.1016/j.soilbio.2005.08.006.

Lal R, 2004. Soil carbon sequestration to mitigate climate change. *Geoderma*, 123: 1–22. Cited 21 April 2022. https://doi.org/10.1016/j.geoderma.2004.01.032.

Liu X, Sheng H, Wang Z, et al., 2020. Does grazing exclusion improve soil carbon and nitrogen stocks in alpine grasslands on the Qinghai-Tibetan Plateau? A meta analysis. *Sustainability*, 12(3): 977. Cited 6 May 2022. https://doi.org/10.3390/su12030977.

Lorenz K & Lal R, 2018. *Carbon sequestration in agricultural ecosystems*. Springer Nature Switzerland AG. Cited 21 July 2021. https://doi.org/10.1007/978-3-319-92318-5.

MacLeod M J, Vellinga T, Opio C, et al., 2018. Invited review: A position on the Global Livestock Environmental Assessment Model(GLEAM). *Animal*, 12(2): 383–397. Cited 21 July 2021. https://doi.org/10.1017/S1751731117001847.

Martin M P, Dimassi B, Dobarco M R, et al., 2021. Feasibility of the 4 per 1000 aspirational target for soil carbon: A case study for France. *Global Change Biology*, 27(11): 2458-2477. Cited 21 July 2021. https://doi.org/10.1111/gcb.15547.

Meersmans J, Martin M P, Lacarce E, et al., 2013. Estimation of soil carbon input in France: An inverse modelling approach. *Pedosphere*, 23: 422-436. Cited 21 July 2021. https://doi.org/10.1016/S1002-0160(13)60035-1.

Merbold L, Scholes R J, Acosta M, et al., 2021. Opportunities for an African greenhouse gas observation system. *Regional Environmental Change*, 21(104): 1-12. Cited 14 June 2022. https://doi.org/10.1007/s10113-021-01823-w.

Morais T G, Teixeira R F M & Domingos D, 2019. Detailed global modelling of soil organic carbon in cropland, grassland and forest soils. *PLoS ONE*, 14(9): e0222604. Cited 21 July 2021. https://doi.org/10.1371/journal.pone.0222604.

Mottet A, de Haan C, Falcucci A, et al., 2017. Livestock: On our plates or eating at our table? A new analysis of the feed/food debate. *Global Food Security*, 14, 1-8.

Neumann M, Zhao M, Kindermann G, et al., 2015. Comparing MODIS net primary production estimates with terrestrial national forest inventory data in Austria. *Remote Sensing*, 7(4): 3878-3906. Cited 20 September 2021. https://doi.org/10.3390/rs70403878.

Opio C, Gerber P, Mottet A, et al., 2013. *Greenhouse gas emissions from ruminant supply chains-A global life cycle assessment*. Rome, FAO. Cited 21 September 2021. www.fao.org/3/i3461e/i3461e.pdf.

Palmer B, Macqueen D J & Gutteridge R C, 1994. *Calliandra calothyrsus*-a multipurpose tree legume for humid locations. In: R.C. Gutteridge and H.M. Shelton, eds. *Forest Tree Legumes in Tropical Agriculture*. Wallingford, UK, CAB International.

Paterson R T, 1994. *Use of trees by livestock, Calliandra*. Chatham, UK, Natural Resource Institute.

Paustian K, Levine E, Post W M, et al., 1997. The use of models to integrate information and understanding of soil C at the regional scale. *Geoderma*, 79(1-4): 227-260. Cited 21 July, 2021. https://doi.org/10.1016/S0016-7061(97)00043-8.

Petri M, Batello C, Villani R, et al., 2010. Carbon status and carbon sequestration potential in the world's grasslands. *Integrated Crop Management*, 11: 11-31. Cited 20 September 2021. www.fao.org/3/i1880e/i1880e.pdf.

Pramod J, Lal Lakaria B, Vishwakarma A K, et al., 2021. Modeling the organic carbon dynamics in long-term fertilizer experiments of India using the Rothamsted carbon model. *Ecological Modelling*, 450(109562): 1-9. Cited 21 October 2021. https://doi.org/10.1016/j.ecolmodel.2021.109562.

Puche N, Senapati N, Flechard C R, et al., 2019. Modeling carbon and water fluxes of managed grasslands: Comparing flux variability and net carbon budgets between grazed and mowed systems. *Agronomy*, 9(4): 183. Cited 21 July 2021. https://doi.org/10.3390/agronomy9040183.

R Core Team, 2013. R: A language and environment for statistical computing. R Foundation for Statistical Computing, Vienna, Austria. Cited 21 September 2021. http://www.R-project.org/.

Ruane A C, Goldberg R & Chryssanthacopoulos J, 2015. Climate forcing datasets for agricultural modeling: Merged products for gap-filling and historical climate series estimation. *Agricultural and Forest Meteorology*, 200: 233-248. Cited 21 July 2021. https://doi.org/10.1016/j.agrformet.2014.09.016.

Sardans J, Rivas-Ubach A & Peñuelas J, 2012. The C : N : P stoichiometry of organisms and ecosystems in a changing world: A review and perspectives. *Perspectives in Plant Ecology, Evolution and Systematics*, 14(1): 33-47. Cited 6 May 2022. https://doi.org/10.1016/j.ppees.2011.08.002.

Sejian V, Naqvi S M K, Ezeji T, et al., 2012. *Environmental stress and amelioration in livestock production*. 569 pp. Berlin, Germany, Springer.

Six J, Conant R T, Paul E A, et al., 2002. Stabilization mechanisms of soil organic matter: implications for C-saturation of soils. *Plant and Soil*, 241(2): 155-176. Cited 21 October 2021. https://doi.org/10.1023/A:1016125726789.

Smith J U & Smith P, 2007. *Environmental Modelling: An Introduction*. 256 pp. Oxford, United Kingdom, Oxford University Press.

Smith P, Martino D, Cai Z, et al., 2008. Greenhouse gas mitigation in agriculture. *Philosophical Transactions of the Royal Society B: Biological Sciences*, 363: 789-813. Cited 21 September 2021. https://doi.org/10.1098/rstb.2007.2184.

Sombroek W G, Nachtergaele F O & Hebel A, 1993. Amounts, dynamics and sequestering of carbon in tropical and subtropical soils. *Ambio*, 22: 417-426. Cited 11 May 2022.

Sommer R & Bossio D, 2014. Dynamics and climate change mitigation potential of soil organic carbon sequestration. *Journal of Environmental Management*, 144: 83-87. Cited 21 July 2021. https://doi.org/10.1016/j.jenvman.2014.05.017.

Soussana J F, Tallec T & Blanfort V, 2010. Mitigating the greenhouse gas balance of ruminant production systems through carbon sequestration in grasslands. *Animal*, 4(3): 334-350. Cited 21 October 2021. https://doi.org/10.1017/S1751731109990784.

Tessema B, Sommer R, Piikki K, et al., 2020. Potential for soil organic carbon sequestration in grasslands in East African countries: A review. *Grassland Science*, 66(3): 135-144. Cited 21 July 2021. https://doi.org/10.1111/grs.12267.

Tifafi M, Guenet B & Hatte C, 2018. Large differences in global and regional total soil carbon stock estimates based on SoilGrids, HWSD, and NCSCD: Intercomparison and evaluation based on field data from USA, England, Wales, and France. *Global Biogeochemical Cycle*, 32(1): 42-56. Cited 21 September 2021. https://doi.org/10.1002/2017GB005678.

UN, 2020. *Map of the World.* In: UN. Cited 1 November 2021. www.un.org/geospatial/content/ map-world.

Uwizeye A, Reppin S, Opio C, et al., 2021. *Boosting Koronivia in the livestock sector-Workshop report.* Rome, FAO. Cited 21 July 2021. https://doi.org/10.4060/cb4348en.

Wiese L, Wollenberg E, Alcántara-Shivapatham V, et al., 2021. Countries' commitments to soil organic carbon in Nationally Determined Contributions. *Climate Policy*, 21(8): 1005-1019. Cited 14 June 2022. https://doi.org/10.1080/14693062.2021.1969883.

Xu X L, Liu W & Kiely G, 2011. Modelling the change in soil organic carbon of grassland in response to climate change: Effects of measured versus modelled carbon pools for initializing the Rothamsted carbon model. *Agriculture, Ecosystems & Environment*, 140: 372381. Cited 21 July 2021. https://doi.org/10.1016/j.agee.2010.12.018.

Yang Y, Tilman D, Furey G, et al., 2019. Soil carbon sequestration accelerated by restoration of grassland biodiversity. *Nature Communications*, 10: 718. Cited 21 October 2021. https://doi.org/10.1038/s41467-019-08636-w.

Zomer R J, Bossio D A, Sommer R, et al., 2017. Global sequestration potential of increased organic carbon in cropland soils. *Scientific Reports*, 7(1): 1-8. Cited 21 July 2021. https://doi.org/10.1038/s41598-017-15794-8.

FAO技术文件

FAO动物生产与健康技术文件

1 Animal breeding: selected articles from the *World Animal Review*, 1977（En, Fr, Es, Zh）

2 Eradication of hog cholera and African swine fever, 1976（En, Fr, Es）

3 Insecticides and application equipment for tsetse control, 1977（En, Fr）

4 New feed resources, 1977（En/Fr/Es）

5 Bibliography of the criollo cattle of the Americas, 1977（En/Es）

6 Mediterranean cattle and sheep in crossbreeding, 1977（En, Fr）

7 The environmental impact of tsetse control operations, 1977（En, Fr）

7Rev.1 The environmental impact of tsetse control operations, 1980（En, Fr）

8 Declining breeds of Mediterranean sheep, 1978（En, Fr）

9 Slaughterhouse and slaughterslab design and construction, 1978（En, Fr, Es）

10 Treating straw for animal feeding, 1978（En, Fr, Es, Zh）

11 Packaging, storage and distribution of processed milk, 1978（En）

12 Ruminant nutrition: selected articles from the *World Animal Review*, 1978（En, Fr, Es, Zh）

13 Buffalo reproduction and artificial insemination, 1979（En*）

14 The African trypanosomiases, 1979（En, Fr）

15 Establishment of dairy training centres, 1979（En）

16 Open yard housing for young cattle, 1981（Ar, En, Fr, Es）

17 Prolific tropical sheep, 1980（En, Fr, Es）

18 Feed from animal wastes: state of knowledge, 1980（En, Zh）

19 East Coast fever and related tickborne diseases, 1980（En）

20/1 Trypanotolerant livestock in West and Central Africa-Vol. 1. General study, 1980（En, Fr）

20/2	Trypanotolerant livestock in West and Central Africa–Vol. 2. Country studies, 1980（En, Fr）
20/3	Le bétail trypanotolérant en Afrique occidentale et centrale–Vol. 3. Bilan d'une décennie, 1988（Fr）
21	Guideline for dairy accounting, 1980（En）
22	Recursos genéticos animales en América Latina, 1981（Es）
23	Disease control in semen and embryos, 1981（En, Fr, Es, Zh）
24	Animal genetic resources-conservation and management, 1981（En, Zh）
25	Reproductive efficiency in cattle, 1982（En, Fr, Es, Zh）
26	Camels and camel milk, 1982（En）
27	Deer farming, 1982（En）
28	Feed from animal wastes: feeding manual, 1982（En, Zh）
29	Echinococcosis/hydatidosis surveillance, prevention and control FAO/UNEP/WHO guidelines, 1982（En）
30	Sheep and goat breeds of India, 1982（En）
31	Hormones in animal production, 1982（En）
32	Crop residues and agroindustrial byproducts in animal feeding, 1982（En/Fr）
33	Haemorrhagic septicaemia, 1982（En, Fr）
34	Breeding plans for ruminant livestock in the tropics, 1982（En, Fr, Es）
35	Offtastes in raw and reconstituted milk, 1983（Ar, En, Fr, Es）
36	Ticks and tickborne diseases: selected articles from the *World Animal Review*, 1983（En, Fr, Es）
37	African animal trypanosomiasis: selected articles from the *World Animal Review*, 1983（En, Fr）
38	Diagnosis and vaccination for the control of brucellosis in the Near East, 1982（Ar, En）
39	Solar energy in smallscale milk collection and processing, 1983（En, Fr）
40	Intensive sheep production in the Near East, 1983（Ar, En）
41	Integrating crops and livestock in West Africa, 1983（En, Fr）
42	Animal energy in agriculture in Africa and Asia, 1984（En/Fr, Es）
43	Olive by-products for animal feed, 1985（Ar, En, Fr, Es）

44/1	Animal genetic resources conservation by management, data banks and training, 1984（En）
44/2	Animal genetic resources: cryogenic storage of germplasm and molecular engineering, 1984（En）
45	Maintenance systems for the dairy plant, 1984（En）
46	Livestock breeds of China, 1984（En, Fr, Es）
47	Réfrigération du lait à la ferme et organisation des transports, 1985（Fr）
48	La fromagerie et les variétés de fromages du bassin méditerranéen, 1985（Fr）
49	Manual for the slaughter of small ruminants in developing countries, 1985（En）
50/1	Better utilization of crop residues and by-products in animal feeding: research guidelines-1. State of knowledge, 1985（En）
50/2	Better utilization of crop residues and by-products in animal feeding: research guidelines-2. A practical manual for research workers, 1986（En）
51	Dried salted meats: charque and carne-de-sol, 1985（En）
52	Small-scale sausage production, 1985（En）
53	Slaughterhouse cleaning and sanitation, 1985（En）
54	Small ruminants in the Near East-Vol. I. Selected papers presented for the Expert Consultation on Small Ruminant Research and Development in the Near East（Tunis, 1985）, 1987（En）
55	Small ruminants in the Near East-Vol. II. Selected articles from World Animal Review1972-1986, 1987（Ar, En）
56	Sheep and goats in Pakistan, 1985（En）
57	The Awassi sheep with special reference to the improved dairy type, 1985（En）
58	Small ruminant production in the developing countries, 1986（En）
59/1	Animal genetic resources data banks-1. Computer systems study for regional data banks, 1986（En）
59/2	Animal genetic resources data banks-2. Descriptor lists for cattle, buffalo, pigs, sheep and goats, 1986（En, Fr, Es）
59/3	Animal genetic resources data banks-3. Descriptor lists for poultry, 1986

	(En, Fr, Es)
60	Sheep and goats in Turkey, 1986 (En)
61	The Przewalski horse and restoration to its natural habitat in Mongolia, 1986 (En)
62	Milk and dairy products: production and processing costs, 1988 (En, Fr, Es)
63	Proceedings of the FAO expert consultation on the substitution of imported concentrate feeds in animal production systems in developing countries, 1987 (En, Zh)
64	Poultry management and diseases in the Near East, 1987 (Ar)
65	Animal genetic resources of the USSR, 1989 (En)
66	Animal genetic resources-strategies for improved use and conservation, 1987 (En)
67/1	Trypanotolerant cattle and livestock development in West and Central Africa-Vol. I, 1987 (En)
67/2	Trypanotolerant cattle and livestock development in West and Central Africa-Vol. II, 1987 (En)
68	Crossbreeding Bos indicus and Bos taurus for milk production in the tropics, 1987 (En)
69	Village milk processing, 1988 (En, Fr, Es)
70	Sheep and goat meat production in the humid tropics of West Africa, 1989 (En/Fr)
71	The development of village-based sheep production in West Africa, 1988 (Ar, En, Fr, Es) (Published as Training manual for extension workers, M/S5840E)
72	Sugarcane as feed, 1988 (En/Es)
73	Standard design for small-scale modular slaughterhouses, 1988 (En)
74	Small ruminants in the Near East-Vol. III. North Africa, 1989 (En)
75	The eradication of ticks, 1989 (En/Es)
76	Ex situ cryoconservation of genomes and genes of endangered cattle breeds by means of modern biotechnological methods, 1989 (En)
77	Training manual for embryo transfer in cattle, 1991 (En)
78	Milking, milk production hygiene and udder health, 1989 (En)

79	Manual of simple methods of meat preservation, 1990（En）
80	Animal genetic resources-a global programme for sustainable development, 1990（En）
81	Veterinary diagnostic bacteriology-a manual of laboratory procedures of selected diseases of livestock, 1990（En, Fr）
82	Reproduction in camels-a review, 1990（En）
83	Training manual on artificial insemination in sheep and goats, 1991（En, Fr）
84	Training manual for embryo transfer in water buffaloes, 1991（En）
85	The technology of traditional milk products in developing countries, 1990（En）
86	Feeding dairy cows in the tropics, 1991（En）
87	Manual for the production of anthrax and blackleg vaccines, 1991（En, Fr）
88	Small ruminant production and the small ruminant genetic resource in tropical Africa, 1991（En）
89	Manual for the production of Marek's disease, Gumboro disease and inactivated Newcastle disease vaccines, 1991（En, Fr）
90	Application of biotechnology to nutrition of animals in developing countries, 1991（En, Fr）
91	Guidelines for slaughtering, meat cutting and further processing, 1991（En, Fr）
92	Manual on meat cold store operation and management, 1991（En, Es）
93	Utilization of renewable energy sources and energy-saving technologies by small-scale milk plants and collection centres, 1992（En）
94	Proceedings of the FAO expert consultation on the genetic aspects of trypanotolerance, 1992（En）
95	Roots, tubers, plantains and bananas in animal feeding, 1992（En）
96	Distribution and impact of helminth diseases of livestock in developing countries, 1992（En）
97	Construction and operation of medium-sized abattoirs in developing countries, 1992（En）
98	Small-scale poultry processing, 1992（Ar, En）
99	In situ conservation of livestock and poultry, 1992（En）

100	Programme for the control of African animal trypanosomiasis and related development, 1992（En）
101	Genetic improvement of hair sheep in the tropics, 1992（En）
102	Legume trees and other fodder trees as protein sources for livestock, 1992（En）
103	Improving sheep reproduction in the Near East, 1992（Ar）
104	The management of global animal genetic resources, 1992（En）
105	Sustainable livestock production in the mountain agro-ecosystem of Nepal, 1992（En）
106	Sustainable animal production from small farm systems in South-East Asia, 1993（En）
107	Strategies for sustainable animal agriculture in developing countries, 1993（En, Fr）
108	Evaluation of breeds and crosses of domestic animals, 1993（En）
109	Bovine spongiform encephalopathy, 1993（Ar, En）
110	L'amélioration génétique des bovins en Afrique de l'Ouest, 1993（Fr）
111	L'utilización sostenible de hembras F1 en la producción del ganado lechero tropical, 1993（Es）
112	Physiologie de la reproduction des bovins trypanotolérants, 1993（Fr）
113	The technology of making cheese from camel milk（Camelus dromedarius）, 2001（En, Fr）
114	Food losses due to non-infectious and production diseases in developing countries, 1993（En）
115	Manuel de formation pratique pour la transplantation embryonnaire chez la brebis et la chèvre, 1993（F S）
116	Quality control of veterinary vaccines in developing countries, 1993（En）
117	L'hygiène dans l'industrie alimentaire, 1993–Les produits et l'aplication de l'hygiène, 1993（Fr）
118	Quality control testing of rinderpest cell culture vaccine, 1994（En）
119	Manual on meat inspection for developing countries, 1994（En）
120	Manual para la instalación del pequeño matadero modular de la FAO, 1994（Es）

121 A systematic approach to tsetse and trypanosomiasis control, 1994（En/Fr）

122 El capibara（Hydrochoerus hydrochaeris）-Estado actual de su producción, 1994（Es）

123 Edible by-products of slaughter animals, 1995（En, Es）

124 L'approvisionnement des villes africaines en lait et produits laitiers, 1995（F）

125 Veterinary education, 1995（En）

126 Tropical animal feeding-A manual for research workers, 1995（En）

127 World livestock production systems-Current status, issues and trends, 1996（En）

128 Quality control testing of contagious bovine pleuropneumonia live attenuated vaccine-Standard operating procedures, 1996（En, Fr）

129 The world without rinderpest, 1996（En）

130 Manual de prácticas de manejo de alpacas y llamas, 1996（Es）

131 Les perspectives de développement de la filière lait de chèvre dans le bassin méditerranéen, 1996（Fr）

132 Feeding pigs in the tropics, 1997（En）

133 Prevention and control of transboundary animal diseases, 1997（E）

134 Tratamiento y utilización de residuos de origen animal, pesquero y alimenticio en la alimentación animal, 1997（Es）

135 Roughage utilization in warm climates, 1997（En, Fr）

136 Proceedings of the first Internet Conference on Salivarian Trypanosomes, 1997（En）

137 Developing national emergency prevention systems for transboundary animal diseases, 1997（En）

138 Producción de cuyes（*Cavia porcellus*）, 1997（Es）

139 Tree foliage in ruminant nutrition, 1997（En）

140/1 Analisis de sistemas de producción animal-Tomo 1: Las bases conceptuales, 1997（Es）

140/2 Analisis de sistemas de producción animal-Tomo 2: Las herramientas basicas, 1997（Es）

141 Biological control of gastro-intestinal nematodes of ruminants using predacious

fungi，1998（En）

142　Village chicken production systems in rural Africa-Household food security and gender issues，1998（En）

143　Agroforestería para la producción animal en América Latina，1999（Es）

144　Ostrich production systems，1999（En）

145　New technologies in the fight against transboundary animal diseases，1999（En）

146　El burro como animal de trabajo-Manual de capacitación，2000（Es）

147　Mulberry for animal production，2001（En）

148　Los cerdos locales en los sistemas tradicionales de producción，2001（Es）

149　Animal production based on crop residues-Chinese experiences，2001（En，Zh）

150　Pastoralism in the new millennium，2001（En）

151　Livestock keeping in urban areas-A review of traditional technologies based on literature and field experiences，2001（En）

152　Mixed crop-livestock farming-A review of traditional technologies based on literature and field experiences，2001（En）

153　Improved animal health for poverty reduction and sustainable livelihoods，2002（En）

154　Goose production，2002（En，Fr）

155　Agroforestería para la producción animal en América Latina-II，2003（Es）

156　Guidelines for coordinated human and animal brucellosis surveillance，2003（En）

157　Resistencia a los antiparasitarios-Estado actual con énfasis en América Latina，2003（Es）

158　Employment generation through small-scale dairy marketing and processing，2003（En）

159　Good practices in planning and management of integrated commercial poultry production in South Asia，2003（En）

160　Assessing quality and safety of animal feeds，2004（En，Zh）

161　FAO technology review：Newcastle disease，2004（En）

162　Uso de antimicrobianos en animales de consumo-Incidencia del desarrollo de resistencias en la salud pública, 2004（Es）

163　HIV infections and zoonoses, 2004（En, Fr, Es）

164　Feed supplementation blocks-Urea-molasses multinutrient blocks: simple and effective feed supplement technology for ruminant agriculture, 2007（En）

165　Biosecurity for Highly Pathogenic Avian Influenza-Issues and options, 2008（En, Fr, Ar, Vi）

166　International trade in wild birds, and related bird movements, in Latin America and the Caribbean, 2009（Ese Ene）

167　Livestock keepers-guardians of biodiversity, 2009（En）

168　Adding value to livestock diversity-Marketing to promote local breeds and improve livelihoods, 2010（En, Fr, Es）

169　Good practices for biosecurity in the pig sector-Issues and options in developing and transition countries, 2010（En, Fr, Zh, Ru** Es**）

170　La salud pública veterinaria en situaciones de desastres naturales y provocados, 2010（Es）

171　Approaches to controlling, preventing and eliminating H5N1 HPAI in endemic countries, 2011（En, Ar）

172　Crop residue based densified total mixed ration-A user-friendly approach to utilise food crop by-products for ruminant production, 2012（En）

173　Balanced feeding for improving livestock productivity-Increase in milk production and nutrient use efficiency and decrease in methane emission, 2012（En）

174　Invisible Guardians - Women manage livestock diversity, 2012（En）

175　Enhancing animal welfare and farmer income through strategic animal feeding-Some case studies, 2013（En）

176　Lessons from HPAI-A technical stocktaking of coutputs, outcomes, best practices and lessons learned from the fight against highly pathogenic avian influenza in Asia 2005-2011, 2013（En）

177　Mitigation of greenhouse gas emissions in livestock production-A review of technical options for non-CO2 emissions, 2013（En, Ese）

178　Африканская Чума Свиней в Российской Федерации（2007-2012）, 2014

（Ru）

179	Probiotics in animal nutrition-Production, impact and regulation, 2016（En）
180	Control of Contagious Bovine Pleuropneumonia-A policy for coordinated actions, 2018（En, Zh**）
181	Exposure of humans or animals to SARS-CoV-2 from wild, livestock, companion and aquatic animals. Qualitative exposure assessment, 2020（En）
182	The economics of pastoralism in Argentina, Chad and Mongolia. Market participation and multiple livelihood strategies in a shock-prone environment, 2020（En）
183	Introduction and Spread of lumpy skin disease in South, East and Southeast Asia. Qualitative Risk Assessment and Management, 2020（En）
184	Animal nutrition strategies and options to reduce the use of antimicrobials in animal production, 2021（En, Ru）
185	Pastoralism-Making variability work, 2021（En）
186	Qualitative risk assessment for African swine fever virus introduction-Caribbean, South, Central and North Americas, 2022（En）

Ar – Arabic　　　Multil – Multilingual

En – English　　* Out of print

Es – Spanish　　** In preparation

Fr – French　　　e E-publication

Pt – Portuguese（En, Fr, Es）= Separate editions in English, French and Spanish

Ru – Russian

Vi – Vietnamese　　　（En/Fr/Es）= Trilingual edition

Zh – Chinese

　　FAO动物生产和健康文件可以从FAO授权的销售代理商获得，也可以直接从FAO销售和营销组获得，即FAO, Viale delle Terme di Caracalla, 00153 Rome, Italy。